简约舒适的

风工房经典手编作品集

〔日〕风工房　著

蒋幼幼　译

河南科学技术出版社

·郑州·

在设计创作时，首先用心仪的线材编织下针样片，一边确认线的粗细和手感等特点，一边构思作品，然后根据作品的需要选择合适的线材。

秋冬时节选用幼羊驼绒线、珍贵的野蚕丝和羊毛混纺线、法国亚麻线等，组合不同的毛线还可以拓宽线材和配色上的创作空间。即使是只用下针简单编织完成的作品，也会因为其独特的质感而显得新颖别致。书中也有一些作品是使用亚麻线和真丝线编织的，如果可以让大家一年四季都能享受到编织和穿着的乐趣，我将感到十分开心。

一般情况下，我会在设计和花样确定后，开始M号的制图。本书作品也与往常一样以M号为基础展开设计，而且在最初构思时就已经将XL号考虑在内。所以在试编样片的同时，要注意怎样的线材和花样可以使尺寸放大后织物也不会变得厚重，然后逐步确定线材的组合、颜色的搭配，以及要编织的作品。

为了比较不同尺寸的感觉，也会请M号身材的模特穿上XL号的作品。有的朋友虽然平常购买M号的衣服，但是"手工编织的毛衣还是想穿得更宽松一些"，此时也不妨参考一下模特的试穿效果。

风工房

目　录

模特身材　Illy（身高164cm，胸围80cm，臀围85cm）
　　　　　Miko Ogawa（身高167cm，胸围98cm，臀围105cm）

4

重点教程 45

一边编织一边起针◎缆绳起针 Cable Cast On 45

一边编织i-cord一边做伏针收针◎i-cord收针 i-cord Bind Off 45

一边编织狗牙针一边收针◎狗牙边收针 Picot Edge Bind Off 46

引返编织◎绕线与翻面的引返编织（起伏针的情况）Wrap & Turn 46

引返编织◎德式引返编织 German Short Row 47

本书使用线材 48

作品的编织方法 49

使用2种颜色的顶级幼羊驼绒线、3种颜色的超级小马海毛和真丝混纺线，各取1根线合股编织出渐变的效果

渐变的单色调圆育克毛衣

使用手感极为舒适的顶级幼羊驼绒线、超级小马海毛和真丝混纺线合股编织而成。在领窝处起针后向下依次换色编织，产生一种自然过渡的效果。领窝做i-cord收针（参照p.45）调整形状。作品是M号。

使用线　Royal Baby Alpaca、Silk Mohair Reina
编织方法→p.50

2

柠檬黄色和灰色的条纹毛衣

这款条纹毛衣使用极细的亚麻线和真丝马海毛混纺线合股编织而成。织物的通透感非常好，明亮的柠檬黄色在春日阳光下显得格外靓丽清爽。加宽育克部分编织成落肩袖，这样的落肩效果正是设计的一大亮点。作品是XL号。

使用线　Silk Mohair Reina、Hard Linen A、French Linen
编织方法→p.52

3

扇贝花样的开衫

使用顶级幼羊驼绒线、珍贵的野蚕丝和羊毛混纺线合
股编织，这是一款插肩袖外搭式开衫。领窝的编织终
点做i-cord收针（参照p.45），突显自然、随意的设
计风格。作品是XL号。

使用线　Royal Baby Alpaca、Wool Yasan Silk
编织方法→p.54

身片与袖子是1针的交叉花样。下摆与袖口部分换色编织扇贝花样，随身摆动，显得十分轻巧

线材的组合应用

棒针编织的情况下，使用1根纤细的羊驼绒线、真丝线或亚麻线编织需要很强的耐心。本书作品中，细线也会与其他线材组合使用，使其更容易编织。比如：

1）直接取2根细线合成1股；2）组合不同材质的线形成新的质感；3）组合不同颜色的线形成新的色调。

真丝马海毛混纺线和羊毛野蚕丝混纺线都非常松软轻柔，也很容易与其他线材搭配，用作合股线再合适不过了。不同线材的质感和颜色相得益彰，可以搭配出自己的独创线材。

能够打造出符合心中设计的线材和颜色，这一点不光是织物的妙趣所在，还会激发我们不断尝试和挑战的欲望。

4

亲肤毛线编织的渐变色围脖

将灰色系和黄色系的中细线与真丝马海毛混纺线合股编织
出了这款漂亮的渐变色围脖。由下针和桂花针组成的花样
非常简单。为了呈现饱满厚实的效果，采用了环形编织。
长度可以绕上2圈，不妨根据当天的心情选择露在外侧的
颜色。

使用线　Sofia Wool、Silk Mohair Reina
编织方法→p.59

使用羊毛和安哥拉山羊毛混纺的粗花呢线编织，织入很多花样也不会感觉厚重

5

阿兰花样的高领夹克衫

这款中性风针织夹克衫既可以当作外套，也可以当作较厚的开衫。加入了蜂巢、菱形、扭针等多种阿兰花样。身片的宽度可以通过胁部的桂花针花样进行调整。穿着时，解开高领的纽扣更显时尚。作品是M号。

使用线　T Honey Wool
编织方法→p.56

6

扭针花样的宽松毛衣

宽大的廓形毛衣看上去好像很厚实,其实非常轻柔。袖山连续编织中间的扭针花样,与身片的肩部接合后形成连肩袖的效果。变换尺寸时只需调整胁部的花样,非常简单。作品是XL号。

使用线　Honey Wool、Silk Mohair Reina
编织方法→p.62

使用偏细的粗花呢线和真丝马海毛混纺线合股编织，给人质朴的感觉

XL号的试穿效果

7

4色毛线编织的帽子

这款针织帽是用4种颜色的中细毛线编织的。翻折的罗纹针部分使用了蓝绿色的4根线合股编织。Sofia Wool线的特点是手感柔软，颜色既漂亮又丰富。选择自己喜欢的颜色，试着搭配出充满创意的色调吧。

使用线　Sofia Wool
编织方法→p.65

上针条纹花样的各种颜色相互交融在一起，形成了更加复杂的色调

8

麻花和条纹花样的开衫

这是一件基础款Y领开衫，用2种颜色的粗纺中细毛线合成1股，每2行换色编织出条纹花样。插肩袖的设计经过了仔细计算，使袖子与身片的条纹完美衔接。由于是粗纺毛线，即使合股编织也很轻便。作品是M号。

使用线　Tapi Wool
编织方法→p.66

条纹（横条纹）和配色花样

我喜欢条纹T恤衫。

编织上也经常采用条纹的设计，比如运动风的宽条纹和经典的海军风条纹等。细窄的条纹更容易突显深色，所以要观察配色的协调性来选择合适的宽度。经过反复尝试，再确定与设想中的设计最契合的条纹。

我在圆育克毛衣的育克部分使用了配色花样作为点缀。考虑到配色花样中图案的"针目方向"，没有采用从领窝开始编织的"从上往下"结构，而是设计成了从下摆开始编织的"从下往上"结构。首先选择方便调整尺寸的花样，然后编织育克部分的样片，确认是否可以呈现出漂亮的育克形状。

9

从上往下编织的条纹毛衣

将法国亚麻线和羊毛野蚕丝混纺线合成1股，从上往下编织的这款毛衣无须任何缝合。以彩色丝线为内芯，将野蚕丝和羊毛混纺线与之捻合在一起，再经过起绒加工，无论线材的外观还是成品都呈现出柔和的色调。作品是L号。

使用线　Wool Yasan Silk、French Linen
编织方法→p.68

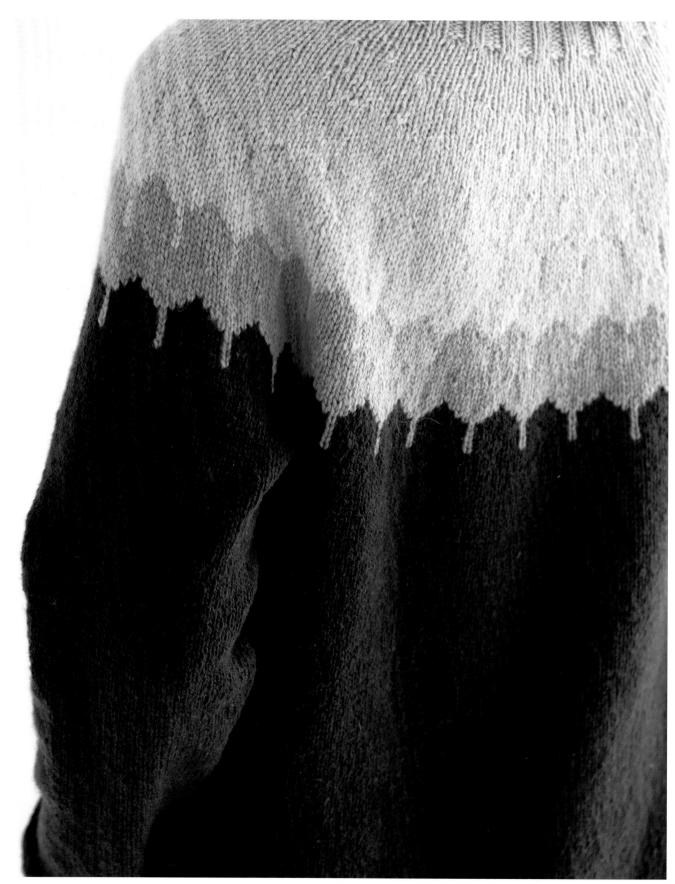

这款粗纺毛线是使用非常纤细的原毛加工而成的，用它编织的毛衣既轻柔又舒适

10
用花样切换颜色的圆育克毛衣

这款圆育克毛衣给人一种简约利落的中性风印象。彩色的锯齿图案犹如几何花样。e-Wool线的很多颜色都非常清爽漂亮，所以在育克部分选择了浅蓝色和酸橙色，令人眼前一亮。调整尺寸时也只需要改变花样的数量即可，十分简单。作品是M号。

使用线　e-Wool
编织方法→p.70

配色花样的圆育克开衫

以偏细的杂色调粗纺毛线为主色线，用粗花呢中细线加入了花草图案的配色花样。为了改变花样数量就可以简单地调整尺寸，特意选择了单个花样针数比较少的图案。在后领窝处做德式引返编织（参照p.47），编织出前后差。作品是XL号。

使用线　Moke Wool A、Honey Wool
编织方法→p.60

传统风格的粗花呢线为配色花样增添了一份质朴的感觉

12

扭针花样的直编式毛衣

这款毛衣的编织花样部分是正方形结构，
由扭针的1针交叉花样呈网格状排列而成。
杂色调的黄绿色让人感受到浓浓的秋意。
育克部分编织起伏针，斜肩做绕线与翻面
的引返编织（参照p.46）。作品是M号。

使用线　Moke Wool A
编织方法→p.72

这款粗纺毛线具有一定的张力，可以漂亮地呈现出基础花样和交叉花样

13
菱形花样的连指手套

将原白色的e-Wool线和茶色的Wool Yasan Silk线合成1股，形成杂色花线的效果。在拇指位置加针编织出三角侧片，顶部呈山形减针。因为花样的下针全部编织成扭针，浮现出来的菱形图案格外清晰。

使用线　e-Wool、Wool Yasan Silk
编织方法→p.75

14

用扭针编织出立体叶脉花样的贝雷帽

这是一款基础色的贝雷帽，无论是酷酷的干练风还是休闲风搭配都非常时尚。通过加减针编织出贝雷帽的形状，叶脉花样是设计的一大亮点。因为帽子会直接接触到皮肤，所以使用了以优质细纤维为原料的粗纺毛线精心编织。这款线材有很多漂亮的颜色，请选择自己喜欢的颜色编织。

使用线　e-Wool
编织方法→p.78

麻花和交叉花样

编织下针、上针和交叉针等花样时，选择张力和弹性适中的毛线可以更加清晰地呈现出花样。虽然阿兰花样毛衣的设计备受青睐，但是编织XL号的作品时，关键在于如何才能显得清爽雅致。

在使用2根羊绒细线合股编织的作品中，选择了类似凯尔特纹样的交叉花样。细线条组成的花样在视觉上也减少了厚重感，可以编织得非常精美。另外，用细线编织的扭针交叉花样即使布满整件作品也很清爽，而且穿搭也很方便。

一边编织，一边考虑加入花样的比例，结合穿着时的轻重等感受更换线材，或者为了呈现出饱满厚实的效果增加花样……在编织的过程中也会慢慢了解线材的特性，请多多尝试编织吧。

宽松的长款羊绒背心

使用2根羊绒细线合股编织。后身片做下针编织，前身片加入了凯尔特纹样。虽然线条呈现复杂的交叉状态，但是全部在正面行编织花样，只要掌握了规律，就可以进行重复编织。下摆的罗纹针部分无须缝合胁部，留出开衩更加方便活动。作品是M号。

使用线　Cashmere
编织方法→p.80

16

宽松的羊绒毛衣

这款原白色毛衣的花样与p.33的作品15相同。虽然是XL号，但是没有改变花样的宽度，只是增加了胁部的下针编织进行调整。为了保持花样的完整性，前身片的肩部做等针直编，在后身片编织斜肩。袖子从身片挑针编织，请根据自身比例决定长度。

使用线　Cashmere
编织方法→p.81

17

粗花呢和马海毛线合股编织的长筒露指手套

用粗花呢线与真丝马海毛混纺线这两种不同质感的灰色线合股编织的长筒露指手套既轻柔
又舒适。在中心加入心形花样的设计透着些许少女般的甜美气息。长长的袖口还可以抵御
冬日的严寒，非常方便实用。

使用线　Honey Wool、Silk Mohair Reina
编织方法→p.76

从后领中心向左右两边编织衣领的花样，然后挑出后身片与袖子的针目

 从上往下编织的无纽短上衣

使用真丝线与真丝马海毛混纺线合
股编织的这款无纽短上衣非常轻
盈，适合初春时节穿着。身片与袖
子做简单的下针编织，突显了衣领
和前门襟漂亮的树叶花样。从后领
挑出袖子与后身片的针目，一边在
插肩线位置加针一边往下编织。作
品是XL号。

使用线　T Silk、Silk Mohair Reina
编织方法→p.84

简约的双色拼接毛衣

这款插肩袖毛衣的身片是炭灰色，袖子是
浅灰色。身片部分编织下针和上针组成的
花样，袖子部分在中间加入了扭针的交叉
花样。衣领分别从身片和袖子部分挑针后
接着编织花样，最后进行缝合。身片是前
短后长的开衩设计。作品是M号。

使用线　Wool N
编织方法→p.88

使用粗纺毛线Wool N编织，由上、下针组成的锯齿花样也可以呈现得十分精美

正方形羊绒披肩

这款典雅的黑色披肩是用2根羊绒线合股编织而成。在披肩的中心起针，一边在转角加针，一边编织下针和上针，呈正方形向外扩展。四周的边缘按设得兰蕾丝饰边花样一边编织一边与主体做连接。简单的主体花样与边缘的蕾丝花样形成一种反差的美感，这是一款让人想长期使用的单品。

使用线　Cashmere
编织方法→p.77

空心麻花花样宽幅围巾

鲜亮的宝蓝色围巾又长又宽，厚实
保暖。中间呈圆形打开状态的空心
麻花花样给人简洁明朗的感觉，即
使布满整件作品，看上去也很轻
巧。作为冬日时尚单品，可以说是
寒冷季节的经典配饰。

使用线　e-Wool
编织方法→p.87

从领窝开始编织的三角形披肩

用真丝线编织的披肩泛着淡淡的光泽，显得十分雅致。首先编织3针6行的起伏针小织片，然后从小织片上挑针，在左右两端以及中间加针逐渐编织成三角形。呈条纹状交替编织起伏针和网眼蕾丝花样。边缘部分是斜纹蕾丝花样，最后一边编织狗牙针一边收针（参照p.46）。

使用线　T Silk
编织方法→p.90

条纹和蕾丝花样的披肩

这款藏青色+灰色与原白色相间的条纹披肩是用亚麻线和羊毛野蚕丝混纺线合股编织而成的。两端设计了蕾丝花样，增添了清凉感。在从初春到盛夏的空调房内，只需将披肩搭在肩上，既可以调节温度，又可以成为穿搭的亮点，是现代生活的必备单品。

使用线　French Linen、
　　　　Wool Yasan Silk
编织方法→p.95

半圆形披肩

将手感舒适的原白色顶级幼羊驼绒线依次与灰色、粉红色、原白色的羊毛野蚕丝线合股，从领窝开始编织成半圆形。由于是分散加针有规律地放大织物，若是想编织得更大一些，可以按相同的频率继续加针进行调整。在边缘加入扇形蕾丝花样，最后松松地做引拔收针。

使用线　Royal Baby Alpaca、Wool Yasan Silk
编织方法→p.92

重点教程

一边编织一边起针

◎缆绳起针 Cable Cast On

1 先在针上起1针。

2 在针目中插入棒针，挂线后拉出。

3 将刚才拉出的针目拉长，如箭头所示插入左棒针移过针目。

4 在针目与针目之间插入棒针，挂线后拉出。

5 与步骤3一样将针目移至左棒针上。重复步骤4和步骤5起所需针数。

6 起好的针目正、反面几乎没有差异。

一边编织 i-cord 一边做伏针收针

◎i-cord收针 i-cord Bind Off

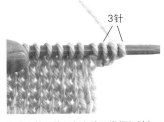  

1 在主体的编织起点处用缆绳起针起3针。

2 编织2针下针。如箭头所示在第3针和主体的1针里插入棒针。

3 编织2针并1针。

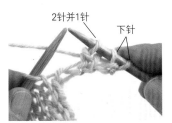  

4 至此，i-cord的第1行完成，主体收了1针。

5 将3针移回至左棒针上。

6 重复步骤2~5。最后剩下3针时，做伏针收针。

一边编织狗牙针
一边收针

◎ 狗牙边收针 Picot Edge Bind Off

1 伏针收针至狗牙针位置。将针目移回至左棒针上。

2 在移回的针目与下一针之间插入右棒针，挂线后拉出。

3 如箭头所示插入左棒针，将刚才拉出的针目挂到左棒针上。

4 在拉出的针目与移回的针目之间插入右棒针，拉出针目后再按相同的方法挂到左棒针上。

5 在针目1和针目2里编织下针。

6 将针目1覆盖在针目2上。接着在针目3里编织下针。

7 将针目2覆盖在针目3上。狗牙针完成。

8 接着做伏针收针。

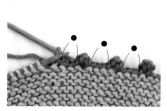

9 重复步骤**1~8**。

引返编织

◎ 绕线与翻面的引返编织（起伏针的情况） Wrap & Turn

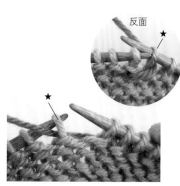

反面

1 编织至留针位置前。如箭头所示在下一针（★）里插入棒针，不编织，直接移至右棒针上。

2 将编织线放到织物的前面。将刚才移过来的针目（★）移回至左棒针上。

3 留针部分的边针（★）呈绕线状态。将织物翻至反面继续编织。

消行（在绕线针目里编织）

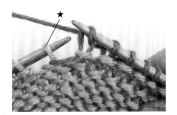

1 编织至留针位置前。

2 接着在绕线针目（★）里编织。

3 起伏针的情况下，保持所绕线圈继续编织。

引返编织

◎德式引返编织 German Short Row

1 编织至留针位置前。将织物翻至反面。

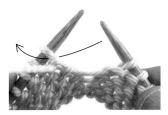

2 将最前面的针目移至右棒针上。

3 如箭头所示将编织线挂到右棒针上，拉动编织线。

◎前一行的针目

4 将线拉紧直到看不见原来的针目。前一行的针目（◎）被拉到棒针上。

5 前一行针目（◎）的2根线挂在棒针上，我们称之为DS（double stitch，双针）。

6 在下一针里编织上针。

消行

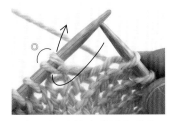

1 在DS（◎）的2根线里插入棒针，编织下针。

2 退出左棒针，继续编织。

3 从织物反面看到的状态。渡线也不太明显。

本书使用线材（图片为实物大小）

Tapi Wool
羊毛100%　48色
每桄45~50g　约240m/50g
中细　6~8号[7/0~9/0号]　※2根线合股使用

e-Wool
羊毛100%　24色
每桄100~110g　约285m/100g
粗　4~6号[5/0~6/0号]

Moke Wool A
羊毛100%　32色
每桄90~100g　约340m/100g
粗　4~6号[5/0~6/0号]

Honey Wool
羊毛80%、安哥拉山羊毛20%　42色
每桄65~85g　约450m/100g
中细　7~9号[8/0~10/0号]
※2根线合股使用

T Honey Wool
羊毛80%、安哥拉山羊毛20%　42色
每桄65~85g　约210m/100g
中粗　7~9号[8/0~10/0号]

Wool N
羊毛100%　42色
每桄90~100g　约230m/100g
粗　5~6号[5/0~7/0号]

Sofia Wool
羊毛100%　43色
每桄90~100g　约500m/100g
中细　1~2号[2/0~3/0号]

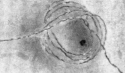

Wool Yasan Silk
真丝52%（蚕丝40%、野蚕丝12%）、羊毛48%
10色　每团约20g　约230m/20g
极细　※合股使用

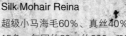

Silk Mohair Reina
超级小马海毛60%、真丝40%
15色　每团约20g　约220m/20g
极细　※合股使用

T Silk
真丝100%　32色
每桄80~100g　约400m/100g
中细　3~5号[3/0~5/0号]

Royal Baby Alpaca
顶级幼羊驼绒100%、5色
每团约20g　约75m/20g
粗　4~6号[5/0~6/0号]

French Linen
亚麻100%　12色
每团约20g　约160m/20g
极细　※合股使用

Hard Linen A
亚麻100%　42色
每桄80~100g　约1140m/100g
极细　※合股使用

Cashmere
羊绒100%　4色
每团约20g　约164m/20g
极细　0~1号[1/0~2/0号]

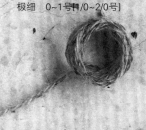

作品的编织方法

本书作品的编织方法包括M号、L号、XL号3种尺寸。

每种尺寸的用线量为大概数字。

请参考标注的作品尺寸，结合自己的体型和喜好，

在编织时适当调整衣宽和长度。

◆ 当作品是手指挂线起针时，使用比正式编织时的棒针粗1号的1根棒针起针。
  环形编织或者针数比较多时，建议使用80~100cm的环针。
◆ 编织终点的伏针收针如果太紧，可以改用钩针做引拔收针，针目会更加美观。
  此时，请使用比棒针细1号的钩针。
• 本书编织图中未标明单位的表示长度的数字均以厘米（cm）为单位。

针法和编织技巧

材料

Royal Baby Alpaca（粗，顶级幼羊驼绒线）浅灰色（12）M/125g、
L/140g、XL/155g、原白色（11）M/105g、L/120g、XL/135g；
Silk Mohair Reina（极细，超级小马海毛和真丝混纺线）炭灰色
（13）M/45g、L/50g、XL/55g，浅灰色（12）M/20g、L/20g、
XL/25g，黑色（14）各20g

工具

棒针5号、3号，钩针4/0号

成品尺寸

M／胸围97cm，衣长57cm，连肩袖长76.5cm
L／胸围107cm，衣长59cm，连肩袖长78.5cm
XL／胸围116cm，衣长61cm，连肩袖长80.5cm

编织密度

10cm×10cm 面积内：下针条纹23针，30行

▶**编织要点**

用2根线合股编织。

◉育克、身片、袖子…育克另线锁针起针后编织下针条纹。按德式引返编织（p.47）的方法编织出前后差，然后一边分散加针一边做环形编织。身片从腋下的另线锁针和育克上挑取针目，环形编织下针条纹。编织结束时做引拔收针。袖子从育克的休针处以及腋下的另线锁针上挑取针目，一边在袖下减针一边按身片相同的方法编织。胁部、袖下的1针编织成上针。

◉组合…领窝解开起针时的另线锁针挑针后做 i-cord 收针（p.45），最后与 i-cord 的编织起点做下针无缝缝合。

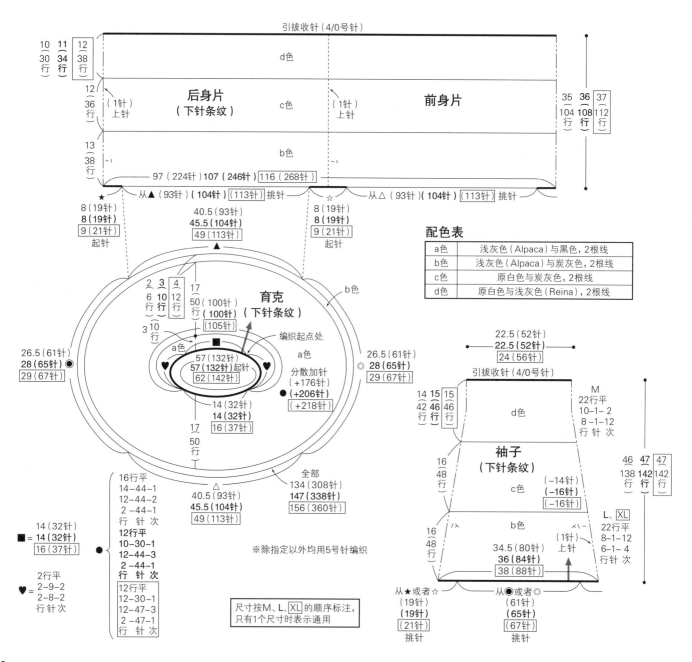

配色表

a色	浅灰色（Alpaca）与黑色，2根线
b色	浅灰色（Alpaca）与炭灰色，2根线
c色	原白色与炭灰色，2根线
d色	原白色与浅灰色（Reina），2根线

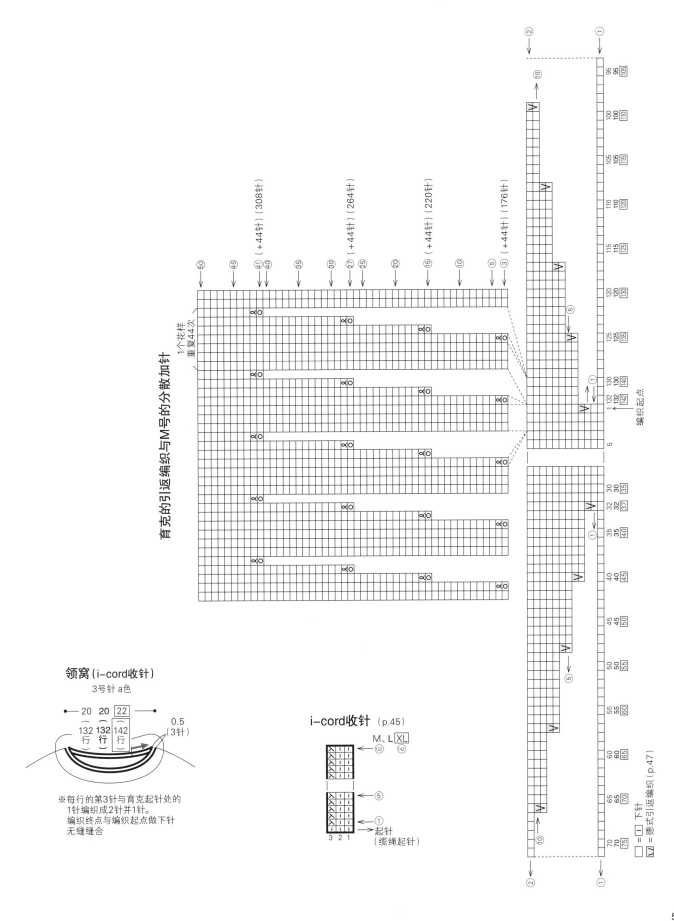

育克的引返编织与M号的分散加针

1个花样
重复44次

(+44针) (308针)

(+44针) (264针)

(+44针) (220针)

(+44针) (176针)

编织起点

领窝 (i-cord收针)

3号针 a色

20　20　22

132　132　142
行　行　行

0.5
(3针)

※每行的第3针与育克起针处的
1针编织成2针并1针。
编织终点与编织起点做下针
无缝缝合

i-cord收针 (p.45)

M、L XL
(132)　(142)

⑤

①

起针
(缆绳起针)

3 2 1

□ = □ 下针

V = 德式引返编织 (p.47)

2 柠檬黄色和灰色的条纹毛衣 →p.8

材料

Hard Linen A（极细，亚麻线）柠檬黄色（16）M/50g、L/55g、XL/55g；Silk Mohair Reina（极细，超级小马海毛和真丝混纺线）柠檬黄色（4）M/45g、L/50g、XL/50g，灰色（12）各15g；French Linen（极细，亚麻线）灰色（9）各25g

工具

棒针6号、5号、2号，钩针4/0号

成品尺寸

M／胸围104cm，衣长49cm，连肩袖长63cm

L／胸围112cm，衣长50cm，连肩袖长65.5cm

XL／胸围118cm，衣长50cm，连肩袖长68cm

编织密度

10cm×10cm 面积内：下针编织、下针条纹均为19针，33行

▶ **编织要点**

用2根线合股编织。

◎ 身片…手指挂线起针后开始编织下针和下针条纹。加针时做卷针加针。斜肩做德式引返编织（p.47）。领窝立起侧边3针减针。

◎ 组合…肩部做盖针接合。袖子从身片上挑针，一边减针一边按身片相同的方法编织。袖下在边上1针的内侧做2针并1针的减针，编织结束时松松地做引拔收针。胁部做挑针缝合和下针无缝缝合，袖下做挑针缝合。衣领挑取指定针数后编织起伏针，结束时做引拔收针。

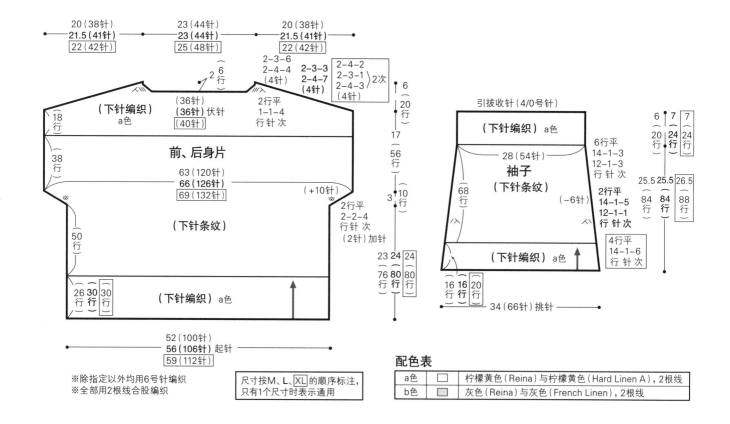

※除指定以外均用6号针编织

※全部用2根线合股编织

尺寸按M、L、XL 的顺序标注，只有1个尺寸时表示通用

配色表

a色	□	柠檬黄色（Reina）与柠檬黄色（Hard Linen A），2根线
b色	▨	灰色（Reina）与灰色（French Linen），2根线

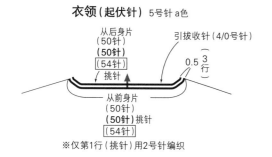

衣领（起伏针）5号针 a色

从后身片（50针）（50针）54针 挑针

引拔收针（4/0号针）

0.5 3行

从前身片（50针）（50针）挑针 54针

※仅第1行（挑针）用2号针编织

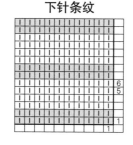

下针条纹

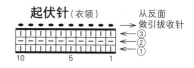

起伏针（衣领）

从反面做引拔收针

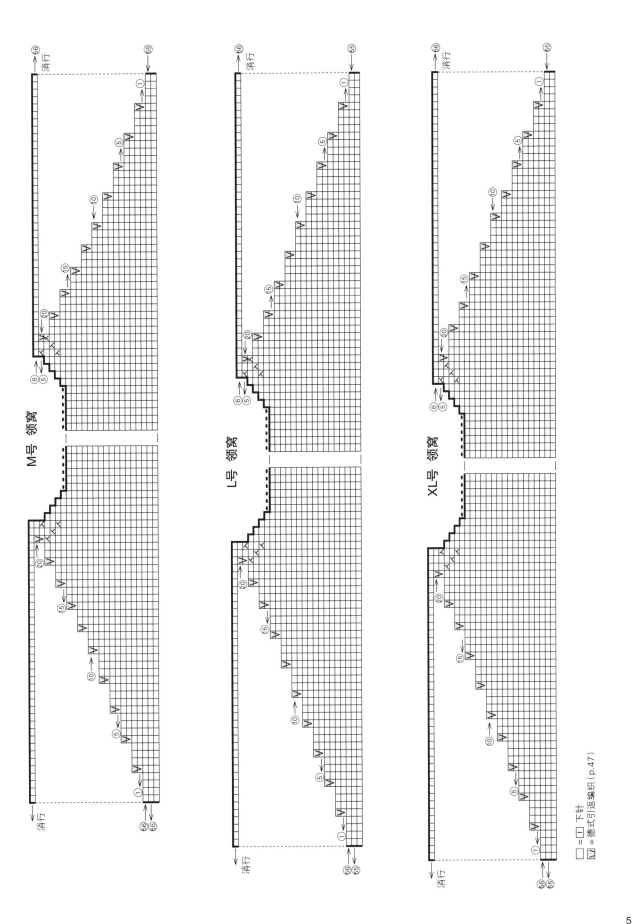

M号 领窝

L号 领窝

XL号 领窝

消行

□ = □ 下针
Ⅴ = 德式引返编织 (p.47)

材料

Royal Baby Alpaca（粗，顶级幼羊驼绒线）原白色（11）M/240g、
L/260g、XL/280g；Wool Yasan Silk（极细，野蚕丝和羊毛混纺
线）绿色（05）M/65g、L/75g、XL/80g，茶色（07）M/20g、
L/25g、XL/30g

工具

棒针4号、3号

成品尺寸

M／胸围108cm，衣长47.5cm，连肩袖长62cm

L／胸围116cm，衣长49.5cm，连肩袖长66cm

XL／胸围124cm，衣长49.5cm，连肩袖长69.5cm

编织密度

10cm×10cm 面积内：编织花样 B 25针，32行

▶ **编织要点**

用2根线合股编织。

◯身片、袖子…手指挂线起针后，按起伏针、编织花样 A 和 B、单
罗纹针的顺序编织。插肩线立起侧边2针减针。前领窝做德式引返
编织（p.47）。袖下在1针内侧做扭针加针。

◯组合…胁部、插肩线、袖下做挑针缝合，腋下做下针无缝缝合。
领窝做 i-cord 收针（p.45）。

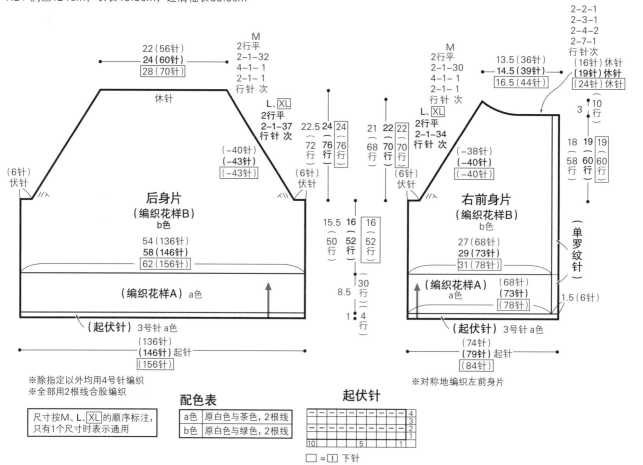

※除指定以外均用4号针编织

※全部用2根线合股编织

尺寸按M、L、XL的顺序标注，
只有1个尺寸时表示通用

配色表

a色	原白色与茶色，2根线
b色	原白色与绿色，2根线

起伏针

□ =回 下针

◎另线锁针起针

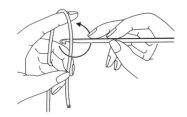

1 将钩针放在线的后面，按箭头
所示方向转动针头。

2 用手指捏住交叉位置，在钩针
上挂线。（用拇指和中指捏住）

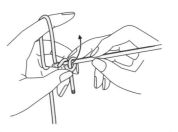

3 从线环中将挂线拉出。

4 拉动线头，收紧线环。

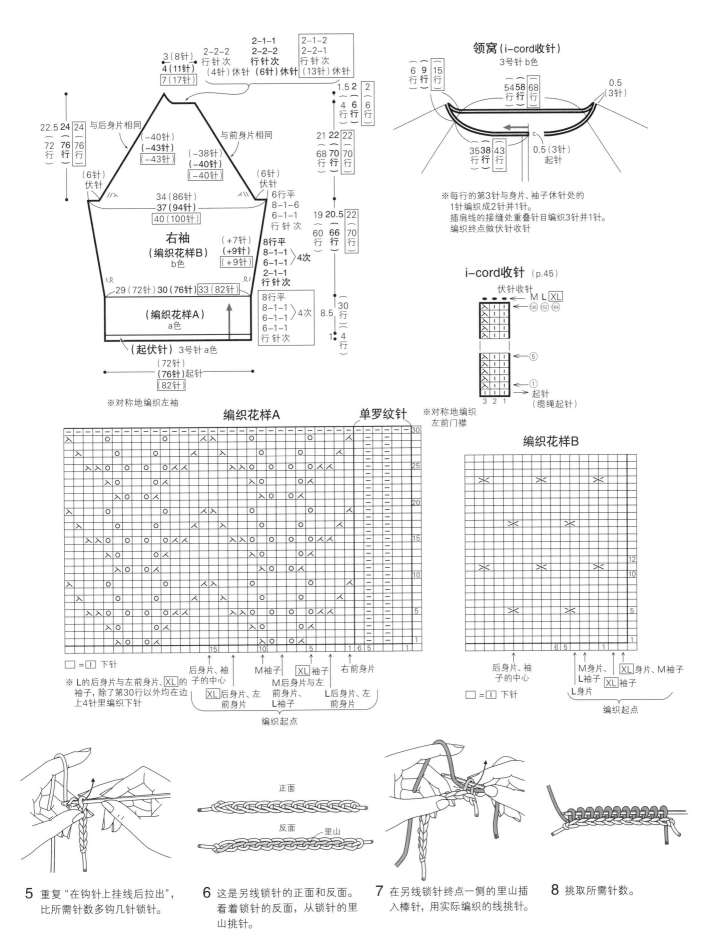

领窝(i-cord收针) 3号针b色

※每行的第3针与身片、袖子休针处的
1针编织成2针并1针。
插肩线的接缝处重叠针目编织3针并1针。
编织终点做伏针收针

i-cord收针 (p.45)

伏针收针

起针
(缆绳起针)

※对称地编织左袖

编织花样A　单罗纹针
※对称地编织左前门襟

编织花样B

□=① 下针

※L的后身片与左前身片、XL的袖子，除了第30行以外均在边上4针里编织下针

编织起点

□=① 下针

编织起点

5 重复"在钩针上挂线后拉出"，比所需针数多钩几针锁针。

6 这是另线锁针的正面和反面。看着锁针的反面，从锁针的里山挑针。

正面
反面　里山

7 在另线锁针终点一侧的里山插入棒针，用实际编织的线挑针。

8 挑取所需针数。

材料

T Honey Wool（中粗，羊毛和安哥拉山羊毛混纺线）红褐色、橘色和黑色系混染（38）M/540g、L/620g、XL/710g，直径21mm的纽扣 8颗

工具

棒针7号、5号

成品尺寸

M／胸围99cm，衣长61.5cm，连肩袖长75.5cm

L／胸围111cm，衣长64.5cm，连肩袖长79cm

XL／胸围119cm，衣长67.5cm，连肩袖长83.5cm

编织密度

10cm×10cm 面积内：桂花针18针，25行；编织花样A、A'的1个花样13针5.5cm，B的1个花样16针8cm，C的1个花样36针15cm，C'、C"的1个花样17针7cm，A~C均为10cm25行

▶ **编织要点**

◉ 身片、袖子…手指挂线起针后，按扭针的单罗纹针、桂花针、编织花样 A、A'、B、C、C'、C"编织。插肩线在边上第4针和第5针里做无须立针的减针（参照图示）。领窝做伏针减针以及立起侧边1针的减针。袖下在1针内侧做扭针加针。在口袋位置编入另线。

◉ 组合…解开口袋位置的另线挑取针目，编织口袋内层和口袋口。将口袋内层缝在身片上。胁部、袖下、插肩线、口袋口的侧边做挑针缝合，腋下做下针无缝缝合。衣领挑取指定针数后，编织扭针的单罗纹针。编织结束时，做扭针下针织扭下针、上针织上针的伏针收针。前门襟按身片的相同方法起针后，编织扭针的单罗纹针。在右前门襟留出扣眼，结束时按衣领相同的方法收针。前门襟与身片、衣领之间做挑针缝合。最后缝上纽扣。

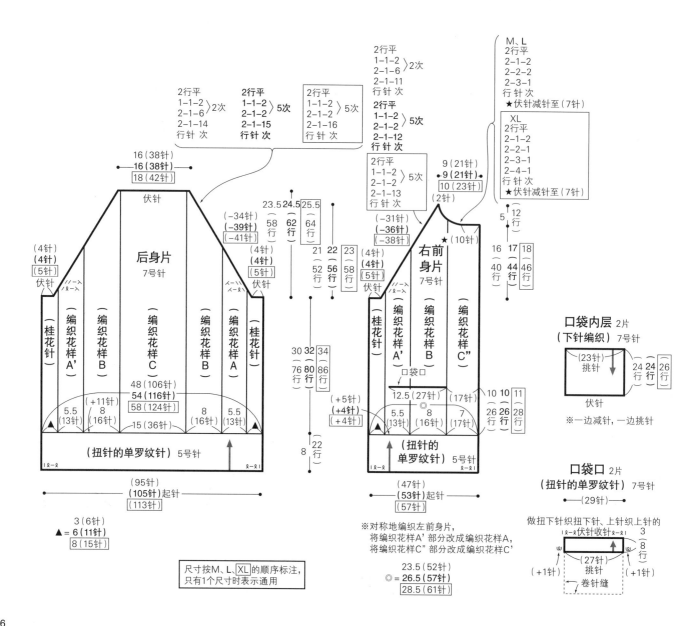

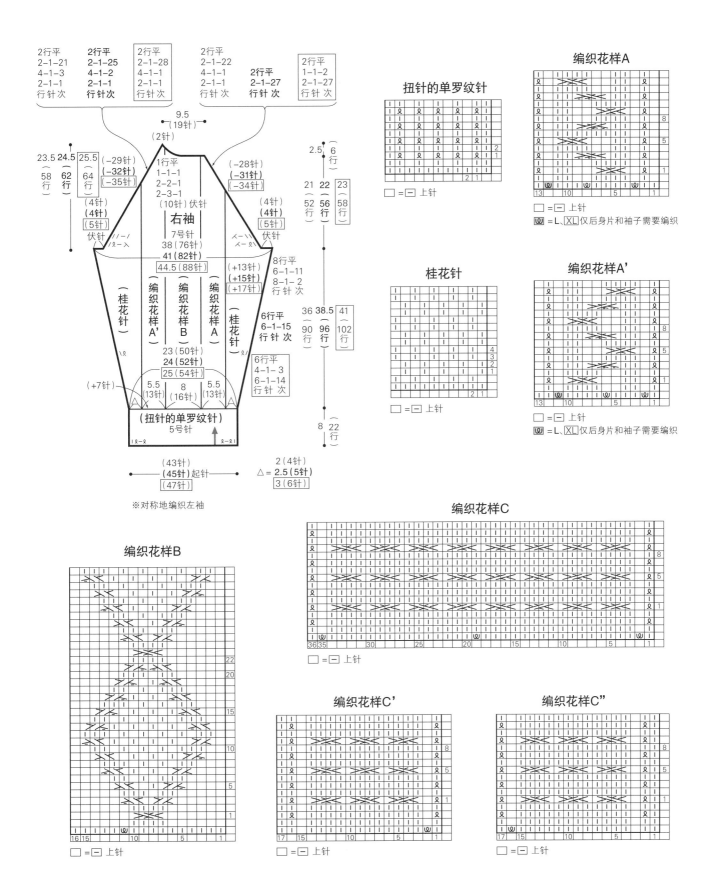

扭针的单罗纹针

□ =□ 上针

桂花针

□ =□ 上针

编织花样A

□ =□ 上针
Ⅵ =L、XL仅后身片和袖子需要编织

编织花样A'

□ =□ 上针
Ⅵ =L、XL仅后身片和袖子需要编织

编织花样C

□ =□ 上针

编织花样B

□ =□ 上针

编织花样C'

□ =□ 上针

编织花样C"

□ =□ 上针

右袖
7号针
38（76针）
41（82针）
44.5（88针）

（桂花针）
（编织花样A'）
（编织花样B）
（编织花样A）
（桂花针）

※对称地编织左袖

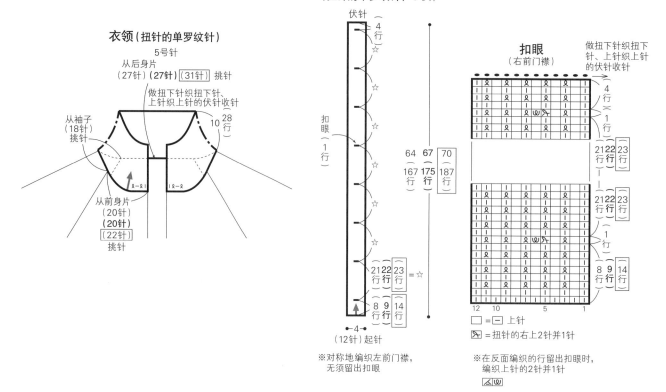

衣领（扭针的单罗纹针）

5号针

从后身片
(27针) (27针) [31针] 挑针

做扭下针织扭下针、
上针织上针的伏针收针

10 28
行

从袖子
(18针)
挑针

从前身片
(20针)
(20针)
[22针]
挑针

右前门襟
（扭针的单罗纹针）5号针

伏针
(4行)
☆

扭眼
(1行)

21 22 [23]
行 行 行 = ☆

8 9 [14]
行 行 行

←4→
(12针) 起针

64 67 [70]
167 175 [187]
行 行 行

※对称地编织左前门襟，
无须留出扣眼。

扣眼
（右前门襟）

做扭下针织扭下
针、上针织上针
的伏针收针

4
行
1
行

21 22 [23]
行 行 行

1
行

8 9 [14]
行 行 行

12 10   5   1

□ = □ 上针

⚒ = 扭针的右上2针并1针

※在反面编织的行留出扣眼时，
编织上针的2针并1针

⚒

◎ **手指挂线起针** ※如果没有比作品所需粗1号的棒针，可以使用与作品所需相同的棒针松松地起针

留出大约3倍于所需
长度的线头

挂在食指上   挂在拇指上

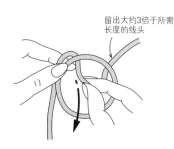

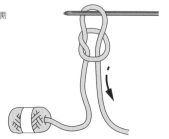

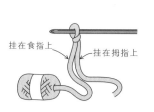

1 留出大约3倍于所需长度的线头制作1个线环，如箭头所示从线环中拉出线头。

2 取1根比作品所需粗1号的棒针（※）插入线环，拉动线头收紧线环。

3 挂在针上的线圈就是第1针。将线头挂在拇指上，将线团端的线挂在食指上。

4 用其余手指握住线的根部，如箭头所示从拇指上的线环中挑出食指上的线。

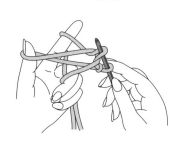

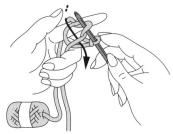

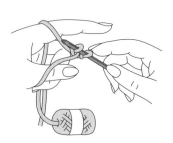

5 暂时松开挂在拇指上的线。

6 如箭头所示插入拇指，慢慢拉紧针目。

7 第2针完成。重复步骤4~7，起所需针数。

8 起针完成。这就是第1行（下针）。从第2行开始，使用作品指定针号的棒针编织。

材料

Sofia Wool（中细，羊毛线）、Silk Mohair Reina（极细，超级小马海毛和真丝混纺线）线的色名、色号、使用量请参照图表所示

工具

棒针9号

成品尺寸

宽22cm，周长111.5cm

编织密度

10cm×10cm面积内：桂花针条纹17针，28行；下针条纹19针，23行

▶ **编织要点**

全部用4根线合股编织。另线锁针起针后，按桂花针条纹和下针条纹环形编织围脖，然后休针。将编织终点与编织起点做下针无缝缝合。

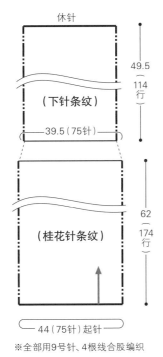

※全部用9号针、4根线合股编织

桂花针

□ = ─ 上针

使用线一览表

	线名	色名（色号）	使用量
a色	Sofia Wool	灰白色（21）	60g
b色	Sofia Wool	浅灰色（20）	30g
c色	Sofia Wool	灰色（19）	10g
d色	Reina	原白色（15）	40g
e色	Reina	奶油色（07）	15g
f色	Reina	浅蓝色（09）	35g
g色	Reina	黄色（04）	25g
h色	Reina	灰色（12）	10g

配色

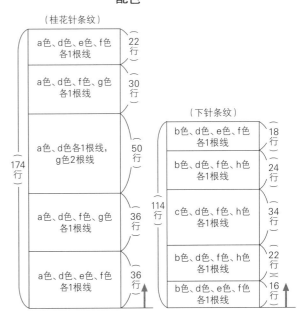

材料

Moke Wool A（粗，羊毛线）橘色（2）M/230g、L/270g、
XL/300g；Honey Wool（中细，羊毛和安哥拉山羊毛混纺线）
黄绿色和茶色系混染（7）、黄色和橘色系混染（11）各15g；
27mm×13mm 的纽扣 9 颗

工具

棒针5号、4号、2号

成品尺寸

M／胸围95.5cm，衣长49cm，连肩袖长61cm

L／胸围105.5cm，衣长50.5cm，连肩袖长64cm

XL／胸围117.5cm，衣长52cm，连肩袖长67cm

编织密度

10cm×10cm 面积内：下针编织26针，36行；配色花样 B 26针，31行

▶ **编织要点**

◎身片、袖子…手指挂线起针后，按单罗纹针、配色花样 A 和下针编织。配色花样用横向渡线的方法编织。袖下立起2针下针，在两侧做扭针加针。

◎组合…挑取育克的针目。育克请参照图示，一边分散减针，一边按配色花样 B 和下针编织，再按德式引返编织（p.47）的方法编织出前后差。接着按单罗纹针编织衣领，结束时做伏针收针。腋下做下针无缝缝合。前门襟挑取指定针数后编织单罗纹针。在右前门襟留出扣眼，结束时做伏针收针。最后缝上纽扣。

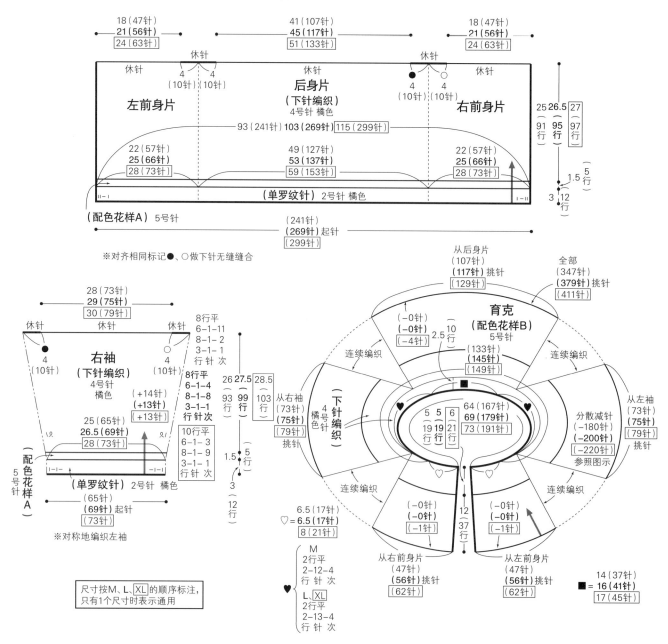

※对齐相同标记●、○做下针无缝缝合

※对称地编织左袖

尺寸按M、L、XL 的顺序标注，只有1个尺寸时表示通用

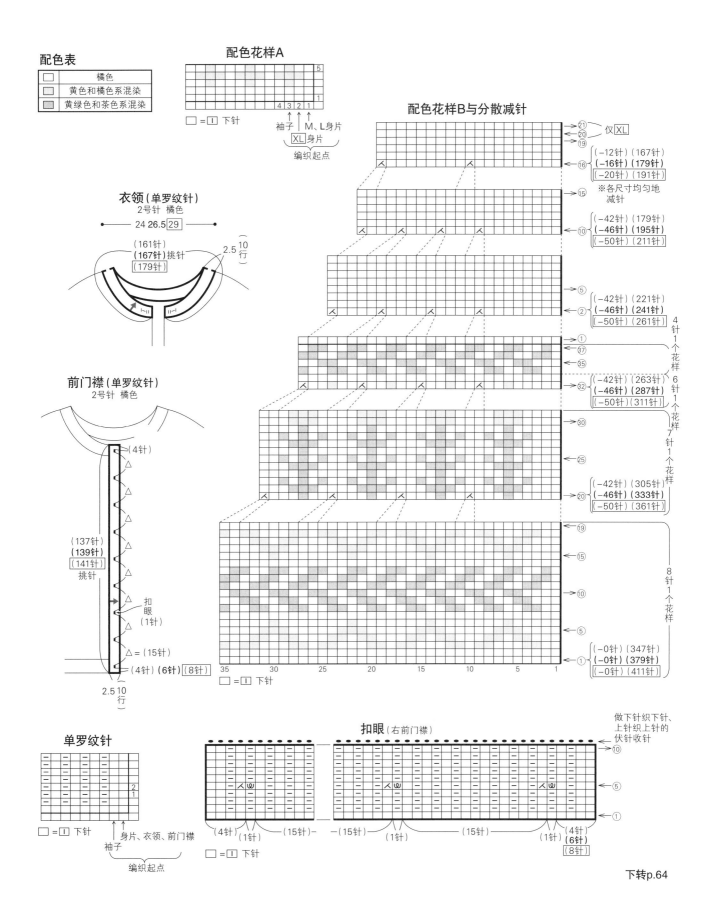

配色表

□	橘色
	黄色和橘色系混染
▨	黄绿色和茶色系混染

配色花样A

□ = Ⅰ 下针

袖子 ↑ M、L身片
XL 身片
编织起点

配色花样B与分散减针

仅 XL
(−12针)(167针)
(−16针)(179针)
(−20针)(191针)

※各尺寸均匀地
减针

(−42针)(179针)
(−46针)(195针)
(−50针)(211针)

(−42针)(221针)
(−46针)(241针)
(−50针)(261针)

4针1个花样

(−42针)(263针)
(−46针)(287针)
(−50针)(311针)

6针1个花样

7针1个花样

(−42针)(305针)
(−46针)(333针)
(−50针)(361针)

8针1个花样

(−0针)(347针)
(−0针)(379针)
(−0针)(411针)

□ = Ⅰ 下针

衣领（单罗纹针）
2号针 橘色

24 26.5 29

(161针)
(167针)挑针
(179针)

2.5 10行

前门襟（单罗纹针）
2号针 橘色

(4针)

(137针)
(139针)
(141针)
挑针

扣眼
(1针)

△ = (15针)

(4针)(6针)(8针)

2.5 10行

单罗纹针

□ = Ⅰ 下针

身片、衣领、前门襟
袖子
编织起点

扣眼（右前门襟）

做下针织下针、
上针织上针的
伏针收针

(4针)(1针)(15针)—(15针)(1针)(15针)(1针)(4针)(6针)(8针)

□ = Ⅰ 下针

下转p.64

材料

Honey Wool（中细，羊毛和安哥拉山羊毛混纺线）茶色、黄色和灰色系混染（18）M/230g、L/250g、XL/270g；Silk Mohair Reina（极细，超级小马海毛和真丝混纺线）茶色（05）M/90g、L/95g、XL/100g

工具

棒针6号、4号，钩针4/0号

成品尺寸

M／胸围114cm，衣长63.5cm，连肩袖长69.5cm

L／胸围126cm，衣长64.5cm，连肩袖长71cm

XL／胸围132cm，衣长66cm，连肩袖长74.5cm

编织密度

10cm×10cm 面积内：上针编织19针，28行；编织花样C 20.5针，28行

▶ **编织要点**

用2根线合股编织。

◉ 身片、袖子…身片手指挂线起针后，按编织花样 A、A'、B、B'、C 编织。减针时，做伏针减针和立起侧边1针的减针。袖子按身片相同的方法起针后，按编织花样 B、B' 和上针编织。袖下在1针内侧做扭针加针。

◉ 组合…身片与袖子之间做针与行的接合，胁部从开衩止位开始做挑针缝合。袖下也做挑针缝合。衣领从身片和袖子上挑针后编织起伏针，结束时做引拔收针。

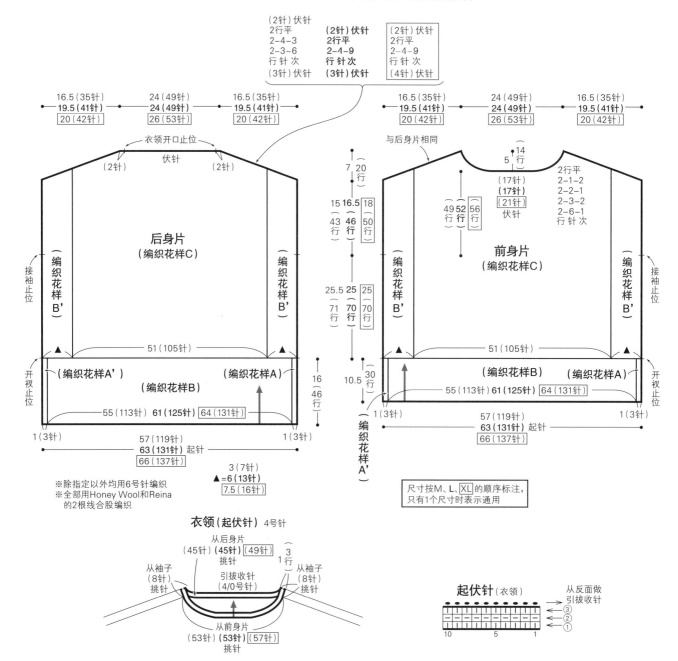

※除指定以外均用6号针编织
※全部用Honey Wool和Reina的2根线合股编织

衣领（起伏针）4号针

起伏针（衣领）

编织花样C

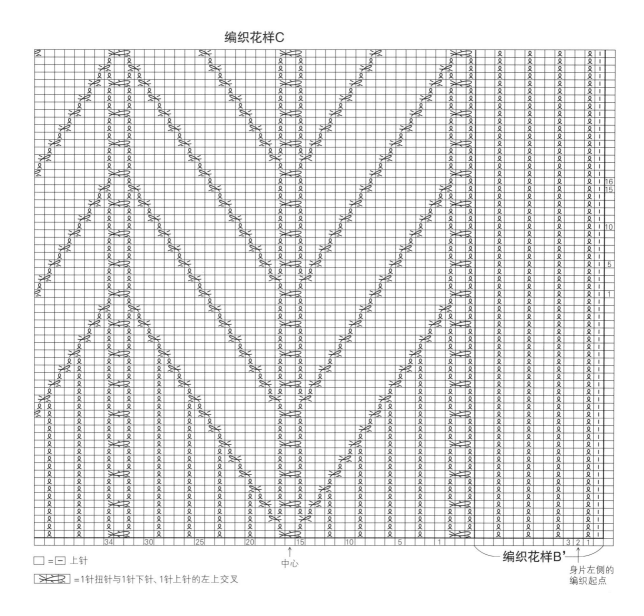

□ =□ 上针

⊠ =1针扭针与1针下针、1针上针的左上交叉

中心

编织花样B'

身片左侧的
编织起点

编织花样B

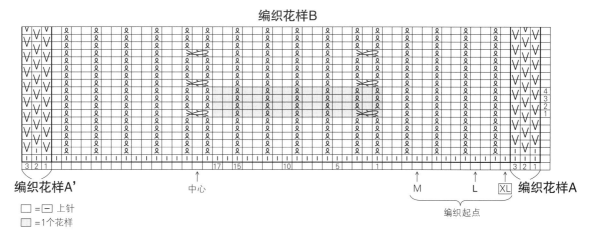

编织花样A'

中心

□ =□ 上针

□ =1个花样

M　L　XL　编织花样A

编织起点

下转p.64

接p.63（作品6）

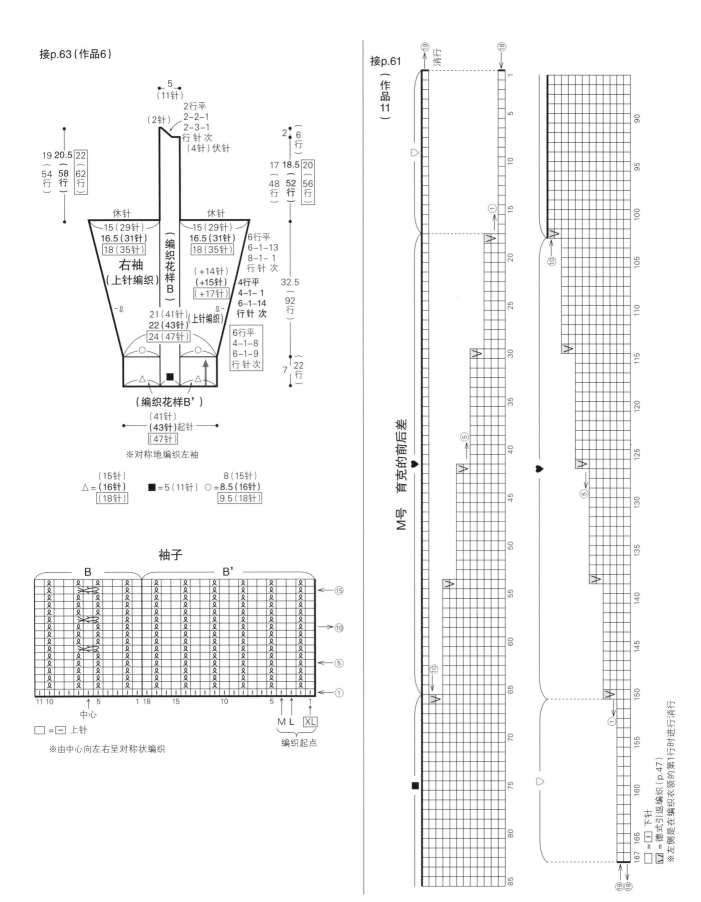

接p.61

（作品11）

M号 育克的前后差

□=下针

□=□ 下针

▽=德式引返编织（p.47）

※左侧是在编织衣领的第1行时进行消行

□=□ 上针

※由中心向左右呈对称状编织

袖子

B   B'

中心

M L XL

编织起点

右袖
（上针编织）

（编织花样B）

（编织花样B'）

※对称地编织左袖

△=（16针） ■=5（11针） ○=8.5（16针）
 [18针]   [9.5（18针）]

（15针）   8（15针）

休针

15（29针）
16.5（31针）
[18（35针）]

21（41针）
22（43针）
[24（47针）]

（41针）
（43针）起针
[47针]

（+14针）
（+15针）
[（+17针）]

5
（11针）

（2针）

2行平
2-2-1
2-3-1
行 针次
（4针）伏针

19 20.5 22
54 58 62
行 行 行

2 6
2 （6针）

17 18.5 20
48 52 56
行 行 行

6行平
6-1-13
8-1-1
行 针次

4行平
4-1-1
6-1-14
行 针次

32.5
92
行

7 22
行

6行平
4-1-8
6-1-9
行 针次

7 4色毛线编织的帽子 →p.19

材料

Sofia Wool（中细，羊毛线）蓝绿色（12）50g，绿色（14）、
原白色（22）、深棕色（26）各15g

工具

棒针10号、9号

成品尺寸

头围50cm，帽深20cm

编织密度

10cm×10cm 面积内：编织花样16针，24行

▶ **编织要点**

用4根线合股编织。

用缆绳起针法（p.45）起针后，按单罗纹针和编织花样做环形编织。
分散减针请参照图示。编织结束时，在最后一行的针目里每隔1针
穿2次线后收紧。将单罗纹针部分向外侧翻折。

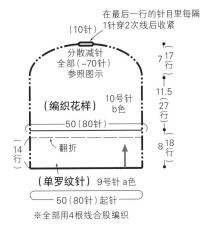

※全部用4根线合股编织

配色表

a色	蓝绿色，4根线
b色	蓝绿色、绿色、原白色、深棕色，4根线

编织花样

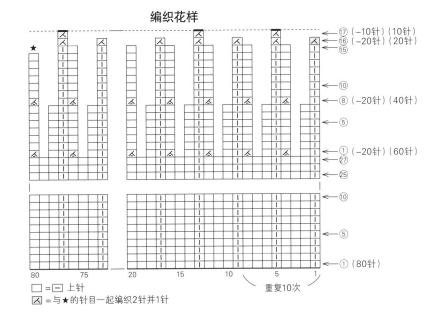

□ = 上针
☒ = 与★的针目一起编织2针并1针

重复10次

单罗纹针

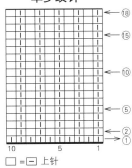

□ = 上针

◎在最后一行的针目里穿线后收紧

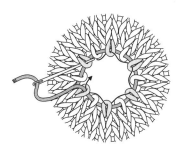

每隔1针、分2次穿线收紧。
注意针目的方向要保持一致。

材料

Tapi Wool（中细，羊毛线）线的色名、色号、使用量请参照图表所示，
直径20mm 的纽扣 5颗

工具

棒针6号、4号，钩针4/0号

成品尺寸

M/ 胸围96.5cm，衣长58cm，连肩袖长75cm
L/ 胸围104.5cm，衣长62cm，连肩袖长79cm
XL/ 胸围115.5cm，衣长66cm，连肩袖长83cm

编织密度

10cm×10cm 面积内：条纹花样 A 21针，30行；上针条纹20针，30行

▶ **编织要点**

用2根线合股编织。

◦身片、袖子…身片手指挂线起针后，按双罗纹针和条纹花样 A 编织。
袖子按身片相同的方法起针后，按双罗纹针、上针条纹、条纹花样
B 的顺序编织。插肩线立起侧边3针减针，前领窝立起侧边2针减针。
袖下在1针内侧做扭针加针。

◦组合…胁部、袖下、插肩线做挑针缝合，腋下做下针无缝缝合。
前门襟和衣领挑取指定针数后编织双罗纹针，结束时按最后一行的
针目做引拔收针。最后缝上纽扣。

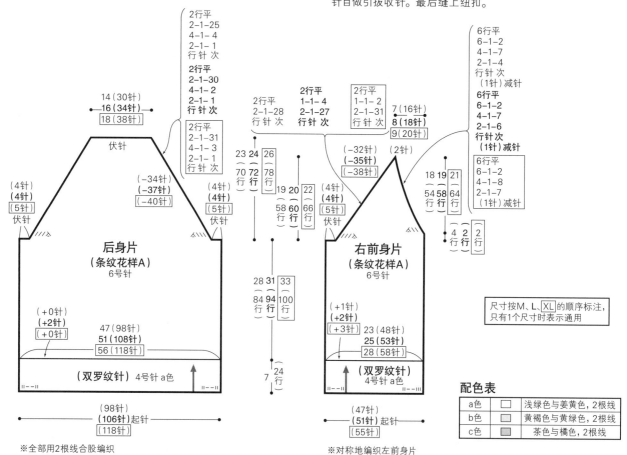

尺寸按M、L、XL的顺序标注，只有1个尺寸时表示通用

※全部用2根线合股编织

※对称地编织左前身片

配色表

a色	□	浅绿色与姜黄色，2根线
b色	▨	黄褐色与黄绿色，2根线
c色	▩	茶色与橘色，2根线

使用线一览表

色名（色号）	使用量		
	M	L	XL
a色 浅绿色（318）	95g	115g	130g
a色 姜黄色（341）	95g	115g	130g
b色 黄褐色（321）	60g	70g	80g
b色 黄绿色（343）	60g	70g	80g
c色 茶色（215）	55g	65g	75g
c色 橘色（444）	55g	65g	75g

条纹花样A

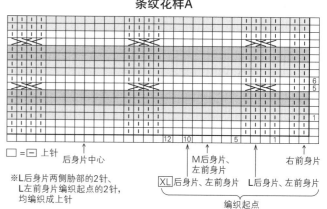

□ =⊟ 上针

后身片中心

M后身片、左前身片

XL后身片、左前身片

L后身片、左前身片

右前身片

编织起点

※L后身片两侧胁部的2针、
L左前身片编织起点的2针，
均编织成上针

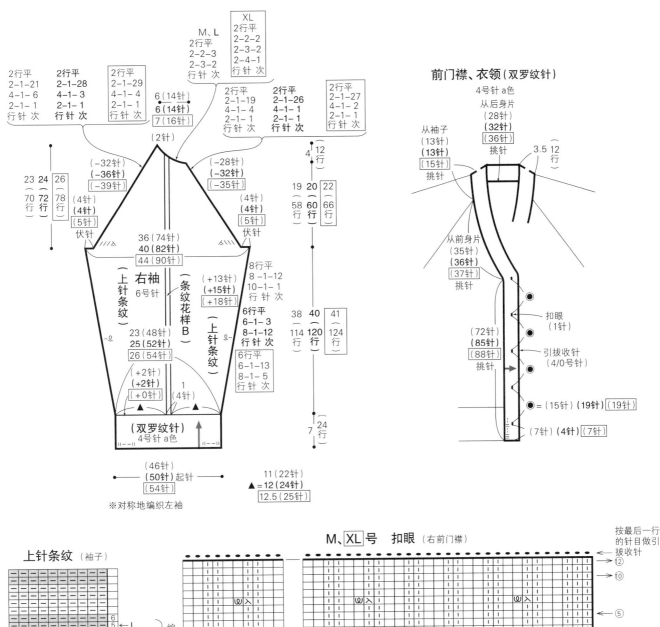

2行平
2-1-21
4-1-6
2-1-1
行针次

2行平
2-1-28
4-1-3
2-1-1
行针次

2行平
2-1-29
4-1-4
2-1-1
行针次

6（14针）
6（14针）
7（16针）
（2针）

M、L
2行平
2-2-3
2-3-2
行针次

XL
2行平
2-2-2
2-3-2
2-4-1
行针次

2行平
2-1-19
4-1-4
2-1-1
行针次

2行平
2-1-26
4-1-1
2-1-1
行针次

2行平
2-1-27
4-1-2
2-1-1
行针次

23　24　26
70　72　78
行　行　行

（−32针）
（−36针）
（−39针）

（−28针）
（−32针）
（−35针）

（4针）
（4针）
（5针）
伏针

（4针）
（4针）
（5针）
伏针

4　12
行

19　20　22
58　60　66
行　行　行

36（74针）
40（82针）
44（90针）

右袖
6号针
上针条纹　条纹花样B　上针条纹

（+13针）
（+15针）
（+18针）

8行平
8-1-12
10-1-1
行针次

6行平
6-1-3
8-1-12
行针次

38　40　41
114　120　124
行　行　行

23（48针）
25（52针）
26（54针）

1
（4针）

6行平
6-1-13
8-1-5
行针次

（+2针）
（+2针）
（+0针）

（双罗纹针）
4号针a色

7　24
行

（46针）
（50针）起针
（54针）

11（22针）
▲=12（24针）
12.5（25针）

※对称地编织左袖

前门襟、衣领（双罗纹针）

4号针a色

从后身片
（28针）
（32针）
（36针）
挑针

从袖子
（13针）
（13针）
（15针）
挑针

3.5　12
行

从前身片
（35针）
（36针）
（37针）
挑针

（72针）
（85针）
（88针）
挑针

扣眼
（1针）

引拔收针
（4/0号针）

●=（15针）（19针）（19针）

（7针）（4针）（7针）

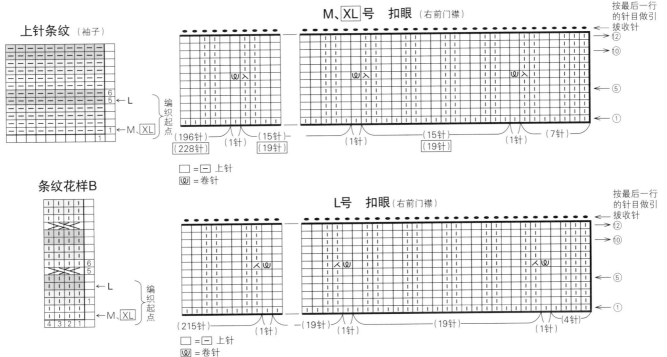

上针条纹（袖子）

6
5　←L

1　←M、XL
编织起点

条纹花样B

6
5

←L

1
4　3　2　1

←M、XL
编织起点

（196针）（1针）（15针）
（228针）　　　（19针）

□=（一）上针
Ⓦ=卷针

M、XL号　扣眼（右前门襟）

按最后一行的针目做引拔收针

⑫
⑩
⑤
①

（1针）　（15针）　（1针）　（7针）
（19针）

L号　扣眼（右前门襟）

按最后一行的针目做引拔收针

⑫
⑩
⑤
①

（215针）（1针）（19针）（1针）（19针）（1针）（4针）

□=（一）上针
Ⓦ=卷针

材料

Wool Yasan Silk (极细，野蚕丝和羊毛混纺线) 灰色 (09) M/35g、L/40g、XL/45g、原白色 (10) M/35g、L/35g、XL/40g；French Linen (极细，亚麻线) 灰色 (09) M/50g、L/55g、XL/65g、原白色 (12) M/45g、L/50g、XL/55g

工具

棒针4号、3号，钩针3/0号

成品尺寸

M/ 胸围99cm，衣长50.5cm，连肩袖长60.5cm

L/ 胸围103cm，衣长50.5cm，连肩袖长61.5cm

XL/ 胸围111cm，衣长54.5cm，连肩袖长66cm

编织密度

10cm×10cm 面积内：下针条纹20针，38行

▶ **编织要点**

用2根线合股编织。

◎育克、身片、袖子…育克另线锁针起针后，参照图示一边在插肩线上加针，一边编织下针条纹。从育克上挑取指定针数，在后身片往返编织前后差。接着从腋下的另线锁针以及育克上挑针，与前身片连起来环形编织。下摆编织起伏针，结束时做引拔收针。袖子从腋下的另线锁针、前后差以及育克的休针处挑针，一边在袖下减针一边按片相同的方法编织。胁部、袖下的1针编织成上针。

◎组合…领窝从育克上挑取指定针数后编织起伏针，结束时按下摆相同的方法收针。

下针条纹

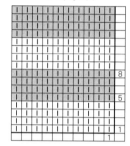

配色表

a色		Wool Yasan Silk 与 French Linen 的原白色，2根线
b色		Wool Yasan Silk 与 French Linen 的灰色，2根线

起伏针

从反面做引拔收针

育克的加针

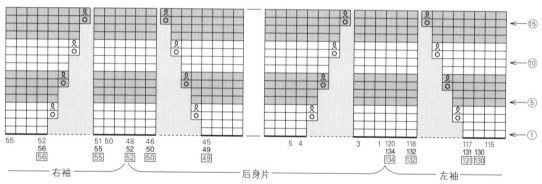

□ =□ 下针

□ =无针目处

袖下的减针

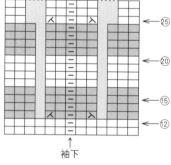

袖下

□ =□ 下针

□ =无针目处

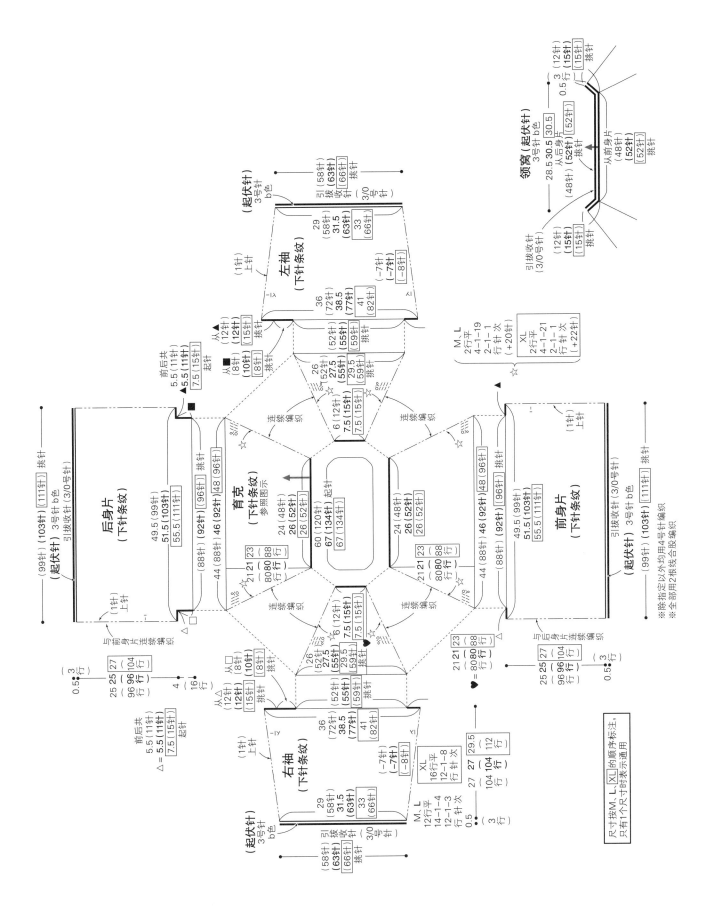

材料

e-Wool（粗，羊毛线）深棕色（06）M/270g、L/305g、XL/340g，浅灰色（12）M/40g、L/45g、XL/50g，浅蓝色（10）各30g，酸橙色（02）M/25g、L/25g、XL/30g

工具

棒针5号、4号、2号，钩针2/0号

成品尺寸

M/ 胸围100cm，衣长57.5cm，连肩袖长77cm

L/ 胸围106cm，衣长61cm，连肩袖长80.5cm

XL/ 胸围112cm，衣长64cm，连肩袖长84.5cm

编织密度

10cm×10cm 面积内：下针编织23.5针，32行；配色花样24针，31.5行

▶ **编织要点**

◎身片、袖子…手指挂线起针后，按双罗纹针和下针编织。袖下在1针内侧做扭针加针。

◎组合…胁部、袖下做挑针缝合。挑取育克的针目后，一边分散减针，一边按配色花样环形编织，按德式引返编织（p.47）的方法编织出前后差。配色花样是用横向渡线的方法编织。接着按双罗纹针编织衣领，结束时做引拔收针。腋下做下针无缝缝合。

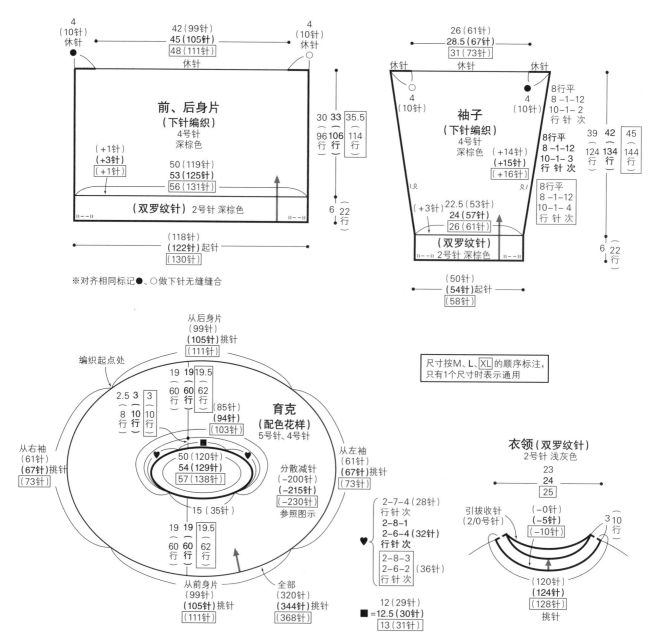

※对齐相同标记●、○做下针无缝缝合

尺寸按M、L、[XL] 的顺序标注，只有1个尺寸时表示通用

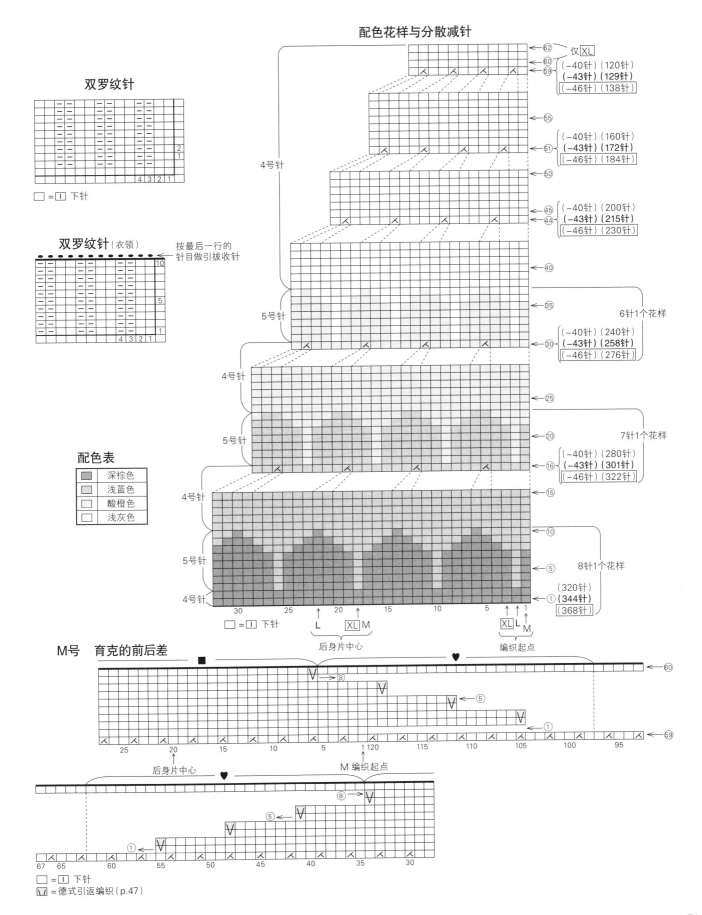

双罗纹针

□ = □ 下针

双罗纹针（衣领）

按最后一行的
针目做引拔收针

配色表

▨	深棕色
▨	浅蓝色
□	酸橙色
□	浅灰色

配色花样与分散减针

仅 XL
（-40针）（120针）
（-43针）（129针）
（-46针）（138针）

（-40针）（160针）
（-43针）（172针）
（-46针）（184针）

（-40针）（200针）
（-43针）（215针）
（-46针）（230针）

6针1个花样

（-40针）（240针）
（-43针）（258针）
（-46针）（276针）

7针1个花样

（-40针）（280针）
（-43针）（301针）
（-46针）（322针）

8针1个花样

（320针）
（344针）
（368针）

4号针
5号针
4号针
5号针
4号针
5号针
4号针

□ = □ 下针

后身片中心

编织起点

M号 育克的前后差

后身片中心

M 编织起点

□ = □ 下针
Ⅴ = 德式引返编织（p.47）

71

12 扭针花样的直编式毛衣 →p.28

材料

Moke Wool A（粗，羊毛线）黄绿色（04）M/340g、L/375g、XL/420g

工具

棒针4号、2号，钩针2/0号

成品尺寸

M/ 胸围102cm，衣长56.5cm，连肩袖长75cm

L/ 胸围110cm，衣长60cm，连肩袖长79cm

XL/ 胸围118cm，衣长63cm，连肩袖长83cm

编织密度

10cm×10cm 面积内：下针编织25针，34.5行；编织花样27针，34.5行；起伏针24针，51行

► **编织要点**

◎ 身片…手指挂线起针后，按双罗纹针、下针、编织花样、起伏针的顺序编织。斜肩做绕线与翻面的引返编织（p.46）。

◎ 组合…肩部做盖针接合时，将上针覆盖在下针上。袖子从身片上挑针，按下针和双罗纹针编织。按德式引返编织（p.47）的方法编织袖山，袖下在1针内侧减针。编织结束时按最后一行的针目做引收针。胁部从开衩止位开始做挑针缝合。袖下也做挑针缝合。衣领挑取指定针数后编织双罗纹针，结束时按袖口相同的方法收针。

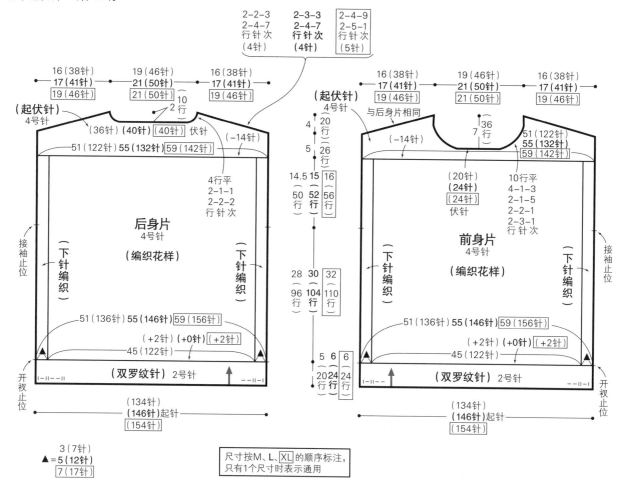

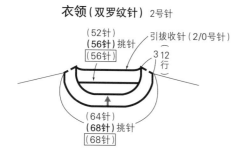

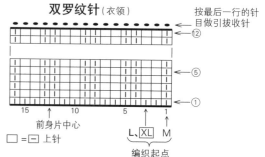

编织花样

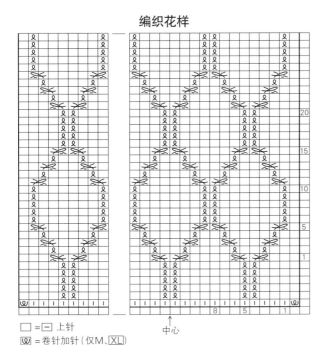

□ = □ 上针
Ⓦ = 卷针加针（仅M、XL）

中心

双罗纹针（下摆、袖口）

□ = □ 上针

袖口　下摆
编织起点

起伏针

□ = □ 上针

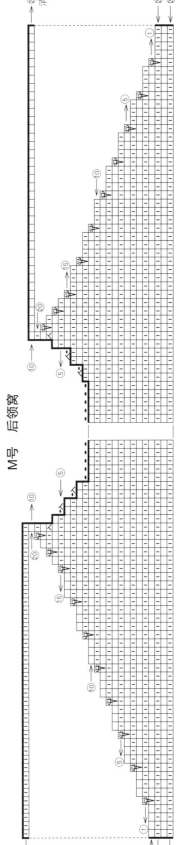

M号　后领窝

⇥ = 绕线与翻面的引返编织（p.46）

□ = □
□ = 上针

消行

◎盖针接合

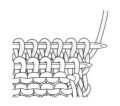

1 将2片织物正面相对。

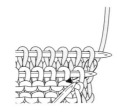

2 取另一根棒针（无堵头），从前面织物的针目里将后面织物的针目拉出。

3 下一针也重复此操作。棒针上只留下后面的针目。

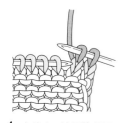

4 在边上2针里编织下针。

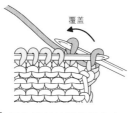

覆盖

5 用左棒针的针头挑起右边的针目覆盖。

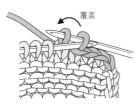

覆盖

6 重复"编织，覆盖"。

73

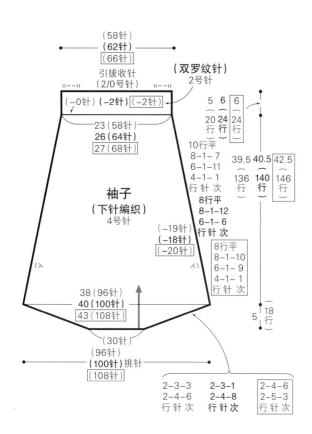

（58针）
（62针）
[（66针）]

引拔收针
（2/0号针）

（双罗纹针）
2号针

（−0针） （−2针） [（−2针）]

23（58针）
26（64针）
27（68针）

袖子
（下针编织）
4号针

| 5 | 6 | 6 |
| 20行 | 24行 | 24行 |

10行平
8-1-7
6-1-11
4-1-1
行针次
8行平
8-1-12
6-1-6
行针次

| 39.5 | 40.5 | 42.5 |
| 136行 | 140行 | 146行 |

8行平
8-1-10
6-1-9
4-1-1
行针次

（−19针）
（−18针）
[（−20针）]

38（96针）
40（100针）
43（108针）

（30针）

5
18行

（96针）挑针
（100针）
[（108针）]

2-3-3	2-3-1	[2-4-6]
2-4-6	2-4-8	[2-5-3]
行针次	行针次	行针次

◎引拔收针

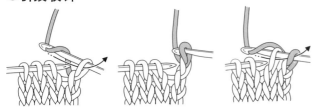

1 在边上1针里插入钩针，挂线后引拔。

2 引拔1针后的状态。

3 在下一针里插入钩针，挂线，一次性引拔穿过针上的线圈。

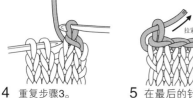

4 重复步骤3。

5 在最后的针目里穿入线头，拉紧。

拉紧

按最后一行的针目做引拔收针的情况

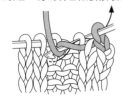

做上针的收针时，将线放到织物的前面，从后往前插入钩针引拔。

M号 袖山的引返编织与袖下的减针

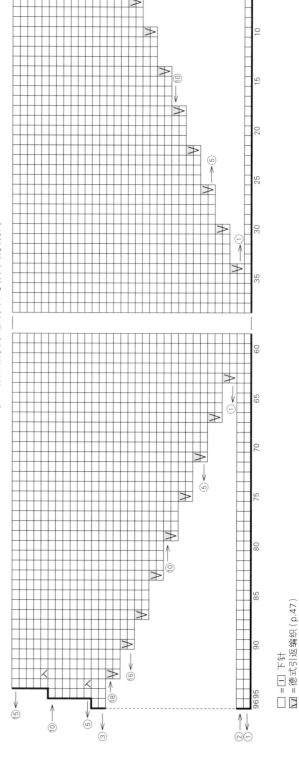

□ =□ 下针
☑ =德式引返编织（p.47）

13 菱形花样的连指手套 →p.30

材料
e-Wool（粗，羊毛线）原白色（13）40g；Wool Yasan Silk（极细，野蚕丝和羊毛混纺线）茶色（07）10g

工具
棒针5号

成品尺寸
掌围18cm，长22.5cm

编织密度
10cm×10cm 面积内：编织花样22针，32行

▶ 编织要点
用2根线合股编织。

◎手指挂线起针后，环形编织扭针的双罗纹针。接着按编织花样编织，注意在拇指位置编织下针的三角侧片。三角侧片一边编织一边做扭针加针，结束时休针。然后在拇指位置做卷针加针，按编织花样继续编织。指尖的减针请参照图示编织。

◎组合…拇指从三角侧片的休针处以及卷针加针上挑针，环形编织下针。主体和拇指均在最后一行的针目里每隔1针穿2次线后收紧。左右对称地编织另一只手套。

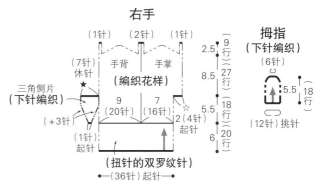

右手　拇指（下针编织）

※全部用5号针、e-Wool和Wool Yasan Silk的2根线合股编织
※对称地编织左手

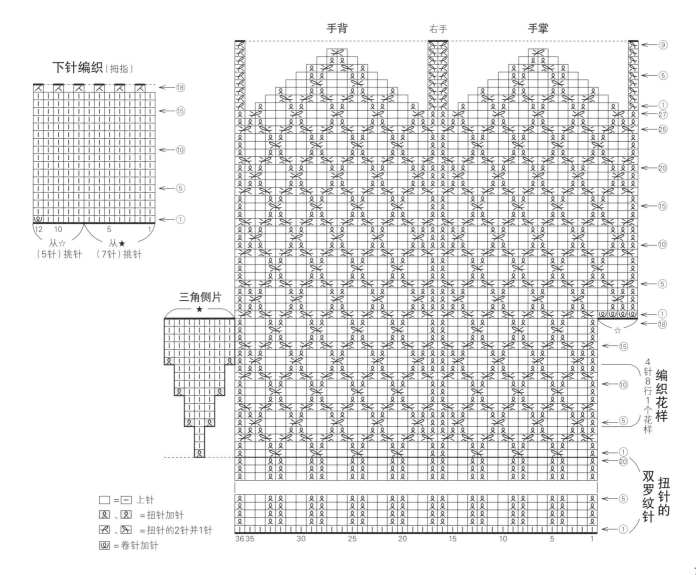

下针编织（拇指）

从☆（5针）挑针　从★（7针）挑针

三角侧片

手背　右手　手掌

编织花样　4针8行1个花样　扭针的双罗纹针

□ =□ 上针

⚇、⚇ =扭针加针

⟋ 、⟍ =扭针的2针并1针

⟲ =卷针加针

材料

Honey Wool（中细，羊毛和安哥拉山羊毛混纺线）灰色（32）
35g；Silk Mohair Reina（极细，超级小马海毛和真丝混纺线）灰色
（12）15g

工具

棒针4号、3号，钩针4/0号、3/0号

成品尺寸

掌围18cm，长27cm

编织密度

10cm×10cm 面积内：上针编织24针，36.5行；编织花样32.5针，
36.5行

▶ **编织要点**

用2根线合股编织。

◉ 主体…手指挂线起针后，按双罗纹针、上针、编织花样的顺序做
环形编织。在拇指位置编入另线，编织结束时按最后一行的针目做
引拔收针。

◉ 组合…拇指解开另线挑针后编织上针，结束时从反面做引拔收针。
左右对称地编织另一只手套。

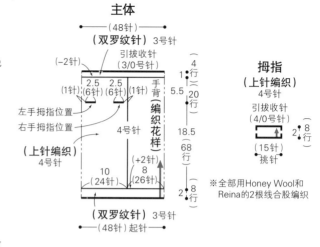

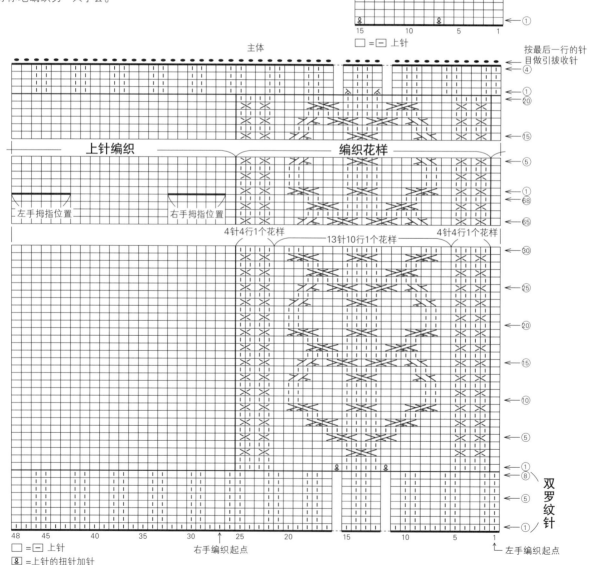

□ = ─ 上针

目做引拔收针

上针编织

编织花样

左手拇指位置　　　右手拇指位置

4针4行1个花样　　13针10行1个花样　　4针4行1个花样

双罗纹针

48 45 40 35 30 25 20 15 10 5 1

右手编织起点　　　　　　　　左手编织起点

□ = ─ 上针

⅄ = 上针的扭针加针

20 正方形羊绒披肩 →p.40

材料
Cashmere（极细，羊绒线）黑色（04）315g

工具
棒针4号，钩针4/0号

成品尺寸
101cm×101cm

编织密度
10cm×10cm 面积内：编织花样20针，40行

▶ **编织要点**
用2根线合股编织。
孔斯特起针后，按编织花样编织。加针请参照图示。编织180行后休针。接着起9针，一边在周围编织边缘，一边与最后一行的休针做2针并1针。编织结束时与起针处做下针无缝缝合。

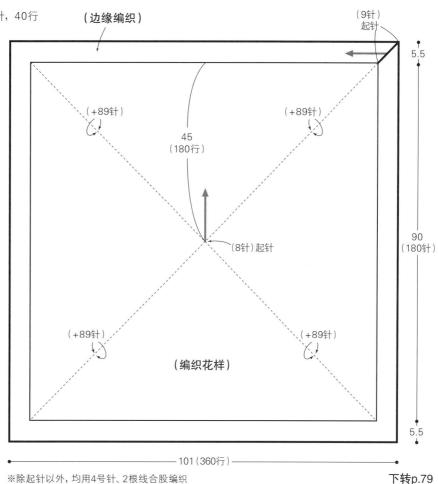

（边缘编织）

（9针）起针

5.5

（+89针）

（+89针）

45（180行）

90（180针）

（8针）起针

（+89针）

（+89针）

（编织花样）

5.5

101（360行）

※除起针以外，均用4号针、2根线合股编织

下转p.79

◎ 孔斯特起针（使用钩针的方法）

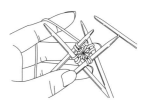

1 用线头制作线环，捏住交叉点。

2 在线环中插入钩针将线拉出，接着钩1针锁针（1针完成）。

3 从线环中将线拉出，钩织锁针。

4 钩出起针所需针数。

5 将针目分到4根棒针上，形成环形。

14 用扭针编织出立体叶脉花样的贝雷帽 →p.31

材料
e-Wool（粗，羊毛线）藏青色（09）60g

工具
棒针3号、2号

成品尺寸
头围46cm，帽深20cm

编织密度
10cm×10cm 面积内：编织花样27针，34行

▶ 编织要点
手指挂线起针后，按单罗纹针和编织花样做环形编织。分散加减针
请参照图示。编织结束时在最后一行的针目里每隔1针穿2次线后收
紧。将单罗纹针部分翻折至内侧做藏针缝缝合。

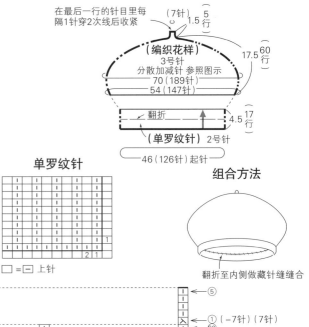

单罗纹针

□ =□ 上针

组合方法

翻折至内侧做藏针缝缝合

编织花样

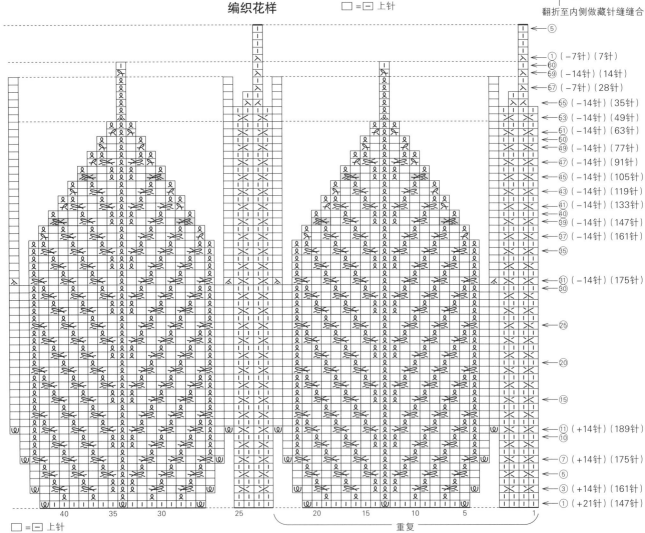

重复

□ =□ 上针

⊠、⊠ =扭针的2针并1针

⚇ =扭针的中上3针并1针

⇻⊠、⊠ = 一边将扭针与相邻针目交叉，一边在扭针与相邻的第2针里编织2针并1针

⒲ =卷针加针

78

◎右上2针交叉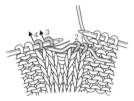
4 3 2 1

 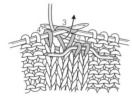 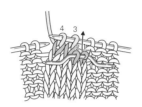 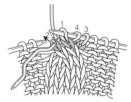 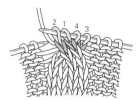

1 将右边的2针移至麻花针上，暂时放在织物的前面。

2 在针目3、针目4里编织下针。

3 在麻花针上的针目1里编织下针。

4 在针目2里也编织下针。

5 右上2针交叉完成。

◎左上2针交叉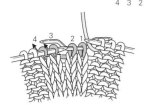
4 3 2 1

 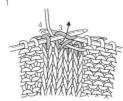 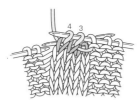 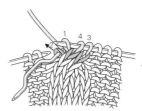 

1 将右边的2针移至麻花针上，暂时放在织物的后面。

2 在针目3里编织下针。

3 在针目4里也编织下针。

4 在麻花针上的针目1、针目2里编织下针。

5 左上2针交叉完成。

接p.77（作品20）

编织花样

边缘编织

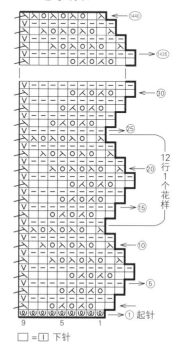

← ⑱80
← ㊲5
← ⑳
← ⑮
⑩
6行1个花样
← ⑤
← ①起针（4/0号针）
2 1
重复4次

□ = □ 下针

← ⑭40
← ⑭35
← ㉚
← ㉕
12行1个花样
← ⑳
← ⑮
← ⑩
← ⑤
← ①起针

9　　5　　1

□ = □ 下针

= 与编织花样的最后一行针目编织2针并1针

79

材料
Cashmere（极细，羊绒线）灰色（02）M/230g、L/260g、
XL/285g
工具
棒针4号、2号，钩针2/0号
成品尺寸
M/ 胸围100cm，肩宽43cm，衣长66.5cm
L/ 胸围114cm，肩宽46cm，衣长67.5cm
XL/ 胸围124cm，肩宽48cm，衣长69cm

编织密度
10cm×10cm 面积内：下针编织25针，36行；编织花样的1个花样
92针29cm，10cm35行

▶ **编织要点**
用2根线合股编织。

◦ 身片…手指挂线起针后，按双罗纹针、下针和编织花样编织。肩部仅在后身片减针制作斜肩。袖窿、肩部的减针均为立起侧边3针减针。领窝减2针及以上时做伏针减针，减1针时立起侧边1针减针。

◦ 组合…肩部做针与行的接合。衣领、袖窿挑取指定针数后编织双罗纹针，结束时按最后一行的针目做引拔收针。胁部从开衩止位开始做挑针缝合。

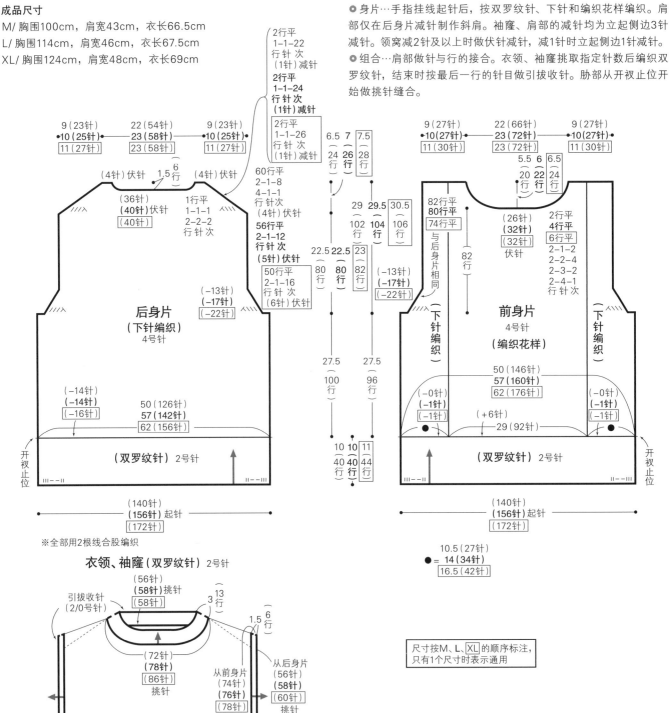

※全部用2根线合股编织

尺寸按M、L、XL 的顺序标注，
只有1个尺寸时表示通用

下转p.82

材料

Cashmere（极细，羊绒线）原白色（01）M/285g、L/305g、XL/320g

工具

棒针4号、2号，钩针2/0号

成品尺寸

M/ 胸围110cm，衣长49.5cm，连肩袖长61cm

L/ 胸围122cm，衣长50.5cm，连肩袖长64cm

XL/ 胸围134cm，衣长50.5cm，连肩袖长67cm

编织密度

10cm×10cm 面积内：下针编织25针，36行；编织花样的1个
花样92针30cm，10cm35行

▶**编织要点**

用2根线合股编织。

◉身片…手指挂线起针后，按双罗纹针、下针和编织花样的顺序编织。肩部仅在后身片做德式引返编织（p.47）制作斜肩。领窝减2针及以上时做伏针减针，减1针时立起侧边1针减针。

◉组合…肩部做盖针接合。袖子从身片挑取指定针数后，按下针和双罗纹针编织。袖下在1针内侧减针，编织结束时按最后一行的针目做引拔收针。胁部从开衩止位开始做挑针缝合。袖下也按相同方法缝合。衣领挑取指定针数后编织双罗纹针，结束时按袖口相同的方法收针。

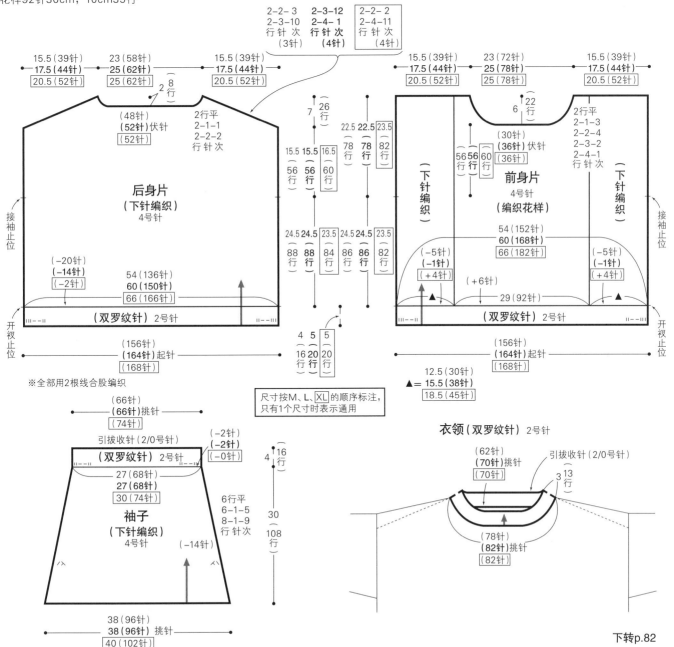

下转p.82

接p.80、81（作品15、16）

双罗纹针（下摆）

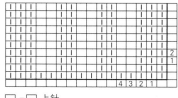

□ =□ 上针

15 双罗纹针（衣领、袖窿）

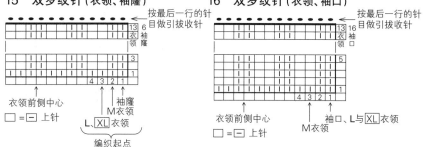

按最后一行的针目做引拔收针

13 6 袖
衣 窿
领

3

4 3 2 1

衣领前侧中心

□ =□ 上针

M衣领

L、XL衣领

编织起点

16 双罗纹针（衣领、袖口）

按最后一行的针目做引拔收针

16 袖
衣 口
领

5

4 3 2 1

衣领前侧中心

□ =□ 上针

M衣领

袖口、L与XL衣领

◎**针与行的接合**

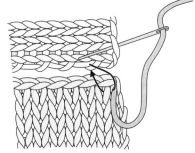

1 依次在行的1针内侧和伏针收针的下方针目里各挑1针。在针目里挑针时，总是从前往后入针，再从后往前出针。

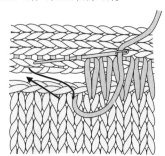

2 针数比行数少的情况下，可以在2行里一起挑针进行调整。

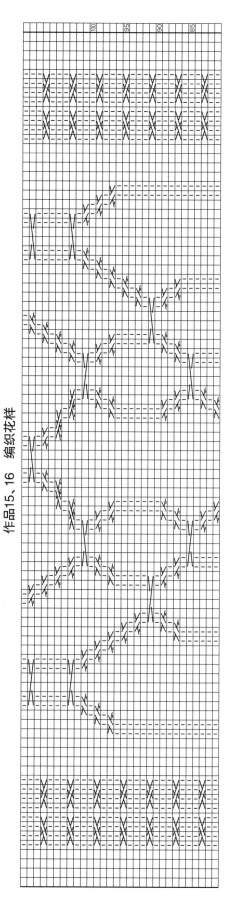

作品15、16 编织花样

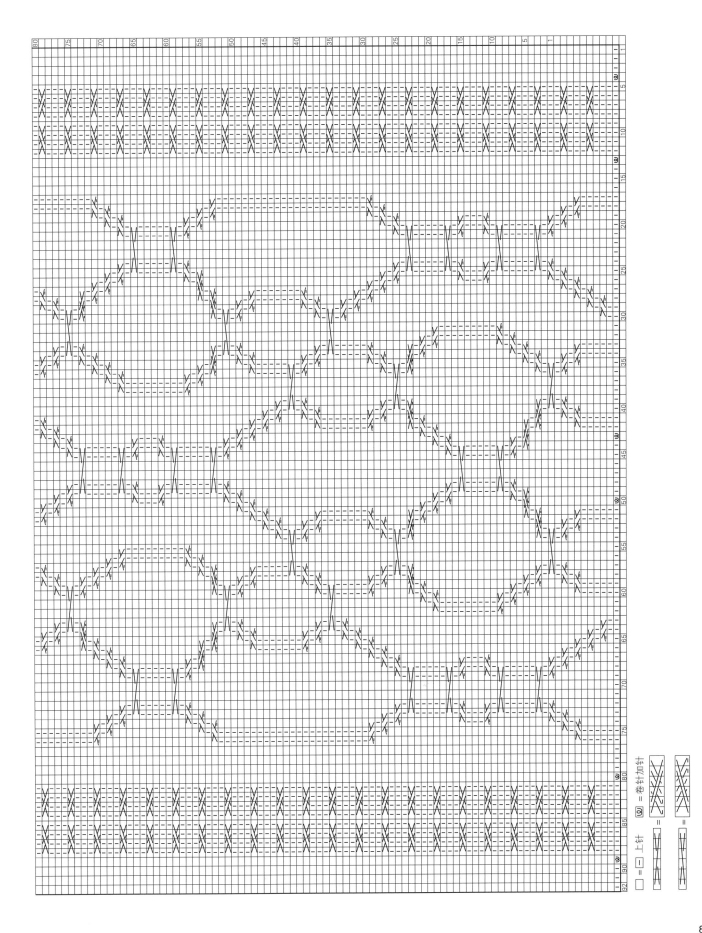

材料

T Silk（中细，真丝线）浅蓝色（03）M/200g、L/230g、
XL/250g；Silk Mohair Reina（极细，超级小马海毛和真丝混纺线）
原白色（15）M/65g、L/75g、XL/80g

工具

棒针5号，钩针5/0号

成品尺寸

M/胸围102cm，衣长40cm，连肩袖长76cm

L/胸围110cm，衣长44.5cm，连肩袖长78.5cm

XL/胸围118cm，衣长44.5cm，连肩袖长82cm

编织密度

10cm×10cm 面积内：下针编织22针，28行

▶ **编织要点**

用2根线合股编织。

●衣领、前门襟、育克、身片、袖子…衣领在后侧中心手指挂线起针，按编织花样A编织48行后休针。从起针处挑针，向另一侧按编织花样A'编织。编织48行后，下一行开始连续编织前门襟和育克。育克的针目是从衣领上挑针。参照图示，一边在插肩线上加针，一边按下针、编织花样A和A'编织。身片和前门襟从腋下的另线锁针以及育克上挑针，将前、后身片连起来编织。编织结束时做引拔收针。编织花样部分按最后一行的针目做引拔收针。袖子从腋下的另线锁针以及育克的休针处挑针，一边减针一边编织下针。胁部、袖下的1针编织成上针。

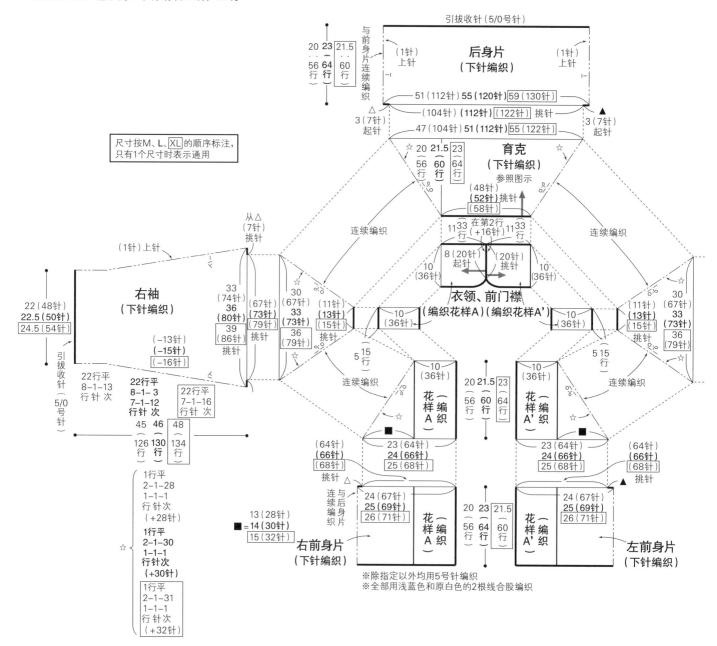

尺寸按M、L、XL的顺序标注，只有1个尺寸时表示通用

◎扭针 $\boxed{Ω}$

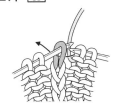 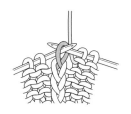 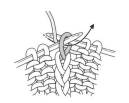 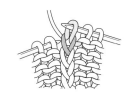

1 如箭头所示插入右棒针。　　**2** 插入棒针后的状态。　　**3** 挂线后向前拉出。　　**4** 扭针完成。

◎左扭针加针、右扭针加针

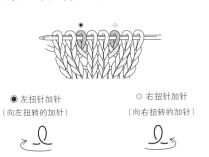

● 左扭针加针
（向左扭转的加针）

○ 右扭针加针
（向右扭转的加针）

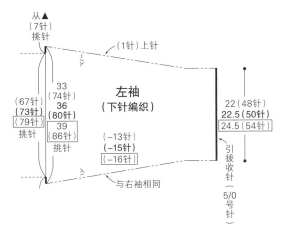

从▲
（7针）
挑针

（1针）上针

33
（74针）
36
（80针）

左袖
（下针编织）

22（48针）
22.5（50针）
24.5（54针）

（67针）
（73针）
[79针]
挑针

39
（86针）
挑针

（-13针）
（-15针）
[-16针]

引拔收针
（5/0号针）

与右袖相同

编织花样A

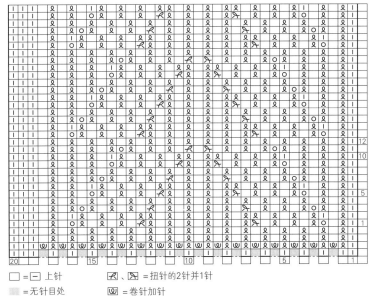

□ =（ー）上针　　　 $\boxed{R}$ 、 $\boxed{X}$ =扭针的2针并1针

▨ =无针目处　　　 $\boxed{W}$ =卷针加针

编织花样A'

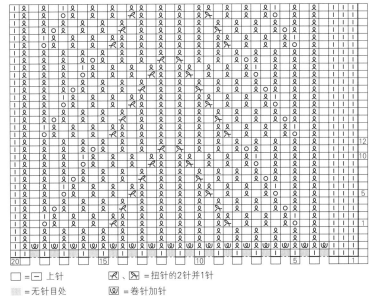

□ =（ー）上针　　　 $\boxed{R}$ 、 $\boxed{X}$ =扭针的2针并1针

▨ =无针目处　　　 $\boxed{W}$ =卷针加针

下转p.86

接p.85（作品18）

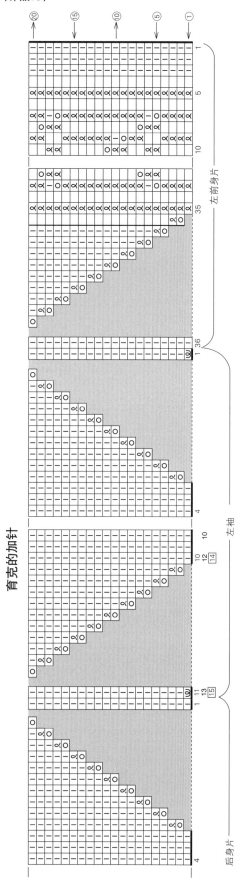

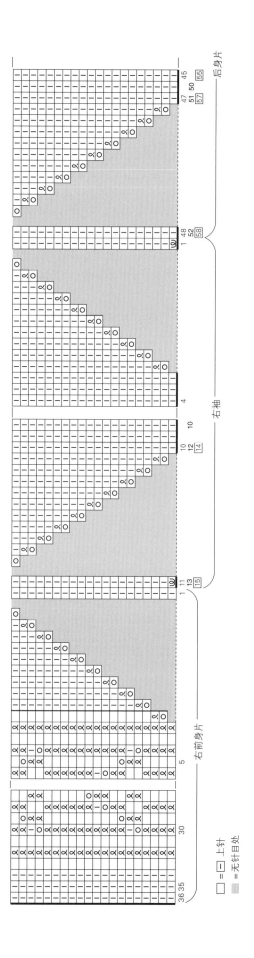

21 空心麻花花样宽幅围巾 →p.41

材料
e-Wool（粗，羊毛线）宝蓝色（24）315g
工具
棒针5号、4号，钩针4/0号
成品尺寸
宽31cm，长168cm
编织密度
10cm×10cm 面积内：编织花样 B 32针，33行

▶ **编织要点**
手指挂线起针后，按编织花样 A、A'、B 和双罗纹针编织。
编织结束时，按最后一行的针目做引拔收针。

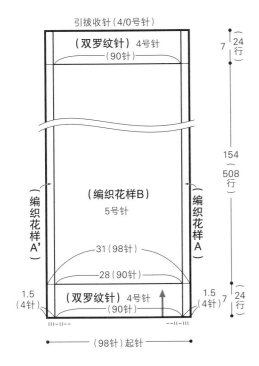

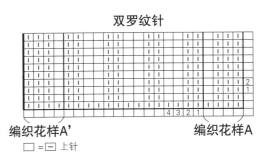

双罗纹针

编织花样A' 编织花样A
□ =⊡ 上针

编织花样B

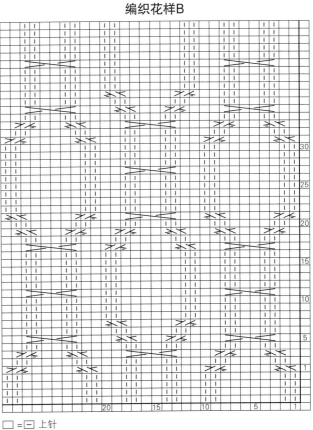

□ =⊡ 上针

材料

Wool N（粗，羊毛线）炭灰色（31）M/310g、L/335g、XL/360g；
浅灰色（25）M/195g、L/220g、XL/245g

工具

棒针5号、4号，钩针5/0号

成品尺寸

M/ 胸围98cm，衣长66cm，连肩袖长73.5cm
L/ 胸围104cm，衣长69cm，连肩袖长77cm
XL/ 胸围112cm，衣长71cm，连肩袖长81.5cm

编织密度

10cm×10cm 面积内：编织花样 A 22针，31行；下针编织21.5针，
28行

▶ 编织要点

○身片、袖子…身片手指挂线起针后按编织花样 A 编织，注意在开衩止位前的两侧胁部编织2针下针。插肩线立起侧边3针减针，2针并1针时结合花样编织下针或上针。袖子按身片相同的方法起针后，按双罗纹针、编织花样 B 和下针编织。袖下在1针内侧做扭针加针，插肩线在1针内侧减针。

○组合…衣领分别从身片和袖子上挑针，按下针、编织花样 A 或 B 编织，结束时按最后一行的针目做引拔收针。胁部、插肩线、衣领、袖下做挑针缝合，腋下做下针无缝缝合。

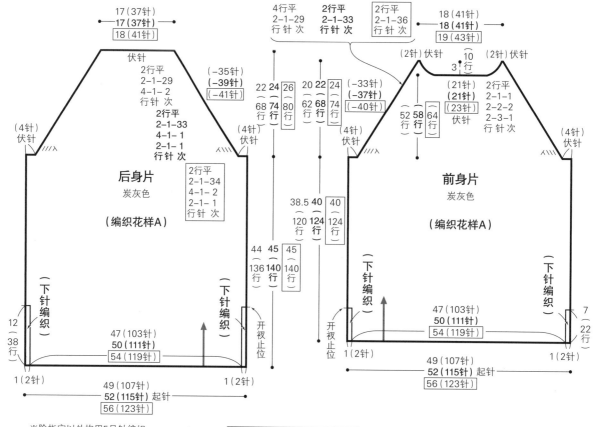

※除指定以外均用5号针编织

尺寸按M、L、XL 的顺序标注，
只有1个尺寸时表示通用

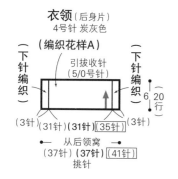

衣领（后身片）
4号针 炭灰色

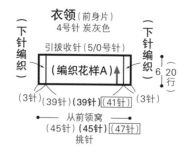

衣领（前身片）
4号针 炭灰色

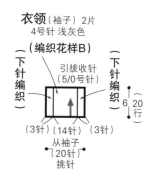

衣领（袖子）2片
4号针 浅灰色

编织花样A

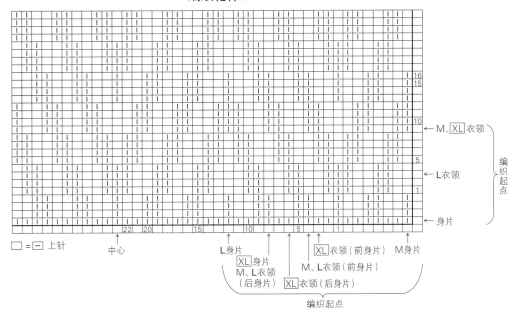

□ =□ 上针

中心　　L身片　　XL身片　M、L衣领（后身片）　XL衣领（后身片）　M、L衣领（前身片）　M身片

← M、XL衣领
← L衣领
← 身片
编织起点

编织起点

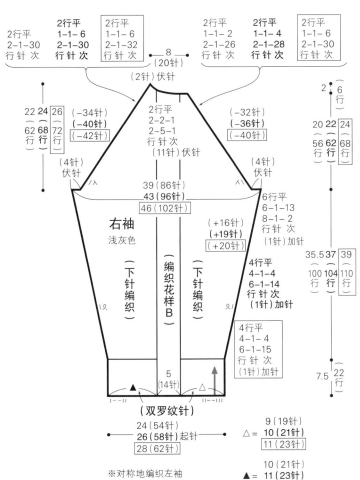

2行平
2-1-30
行针次

2行平
1-1-6
2-1-30
行针次

2行平
1-1-6
2-1-32
行针次

2行平
1-1-2
2-1-26
行针次

2行平
1-1-4
2-1-28
行针次

2行平
1-1-6
2-1-30
行针次

8
（20针）
（2针）伏针

22 24 26
62 68 72
行 行 行

（-34针）
（-40针）
（-42针）

2行平
2-2-1
2-5-1
行针次
（11针）伏针

（-32针）
（-36针）
（-40针）

（4针）
伏针

39（86针）
43（96针）
46（102针）

（4针）
伏针

右袖
浅灰色

（下针编织）

（编织花样B）

（下针编织）

（+16针）
（+19针）
（+20针）
行针次
（1针）加针

4行平
4-1-4
6-1-14
行针次
（1针）加针

4行平
4-1-4
6-1-15
行针次
（1针）加针

5
（14针）

（双罗纹针）

24（54针）
26（58针）起针
28（62针）

※对称地编织左袖

9（19针）
△ = 10（21针）
11（23针）

10（21针）
▲ = 11（23针）
12（25针）

2
6
行

20 22 24
56 62 68
行 行 行

6行平
6-1-13
8-1-2
行针次
（1针）加针

35.5 37 39
100 104 110
行 行 行

7.5 22
行

双罗纹针

□ =□ 上针

编织花样B

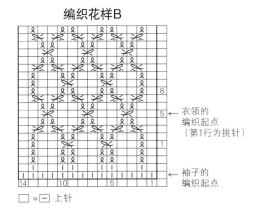

← 衣领的
编织起点
（第1行为挑针）

← 袖子的
编织起点

□ =□ 上针

衣领的组合方法

（袖子）　（后身片）　（袖子）
（前身片）

在4处做挑针缝合

材料
T Silk（中细，真丝线）浅灰色（04）130g
工具
棒针4号
成品尺寸
宽124cm，长58cm
编织密度
编织花样 A 43.5行10cm，编织花样 B 12行3cm，
编织花样 C 28行8cm

▶ **编织要点**
卷针起针后编织6行起伏针。接着从周围挑针，按编织花样 A、B、C 编织。参照图示，在中心和两侧加针。注意编织花样 C 两端的花样有变化。编织结束时，做狗牙边收针（p.46）。

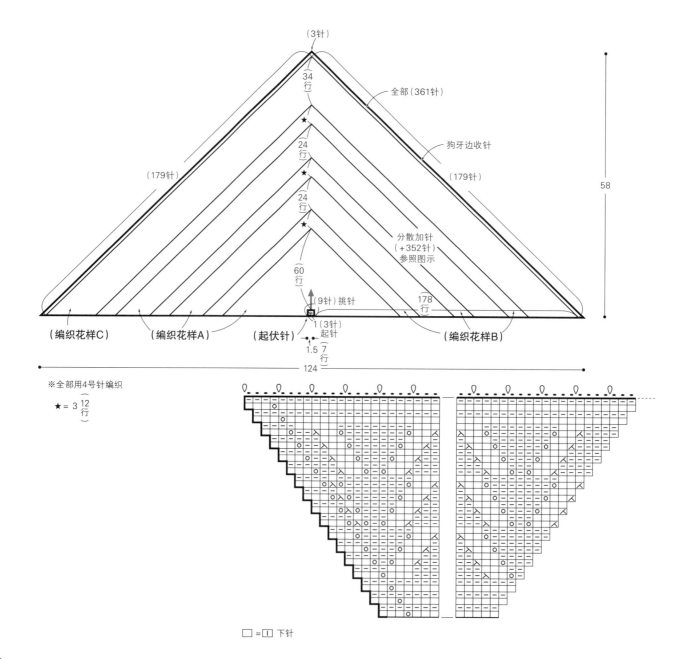

（3针）

（34行）

全部（361针）

（179针）

狗牙边收针

（179针）

（24行）

（24行）

分散加针
（+352针）
参照图示

58

（60行）

（9针）挑针

（178行）

（1（3针）起针）

1.5（7行）

124

（编织花样C）　（编织花样A）　（起伏针）　（编织花样B）

※全部用4号针编织

★ = 3（12行）

□ = ① 下针

◎挂针　□○

 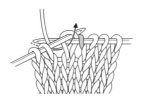 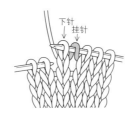 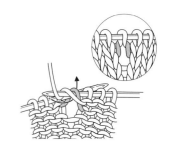

1 从前往后在右棒针上挂线。这就是挂针。

2 在下个针目里编织下针，即可固定挂针。

3 挂针完成后的状态。

4 下一行与其他针目一样在挂针里编织。圆形放大图中是下一行完成后从正面看到的状态。

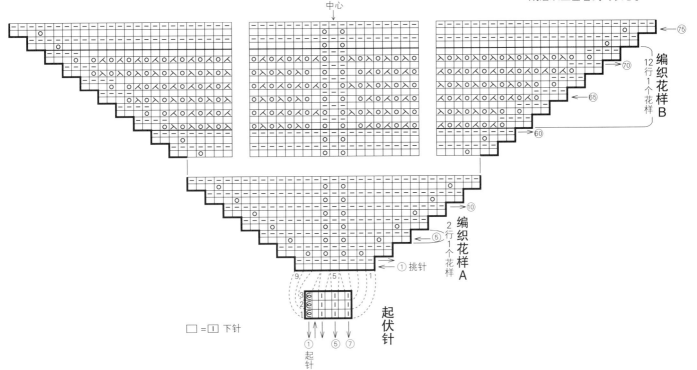

中心

编织花样B
12行1个花样

编织花样A
2行1个花样

①挑针

□=□ 下针

起伏针

起针

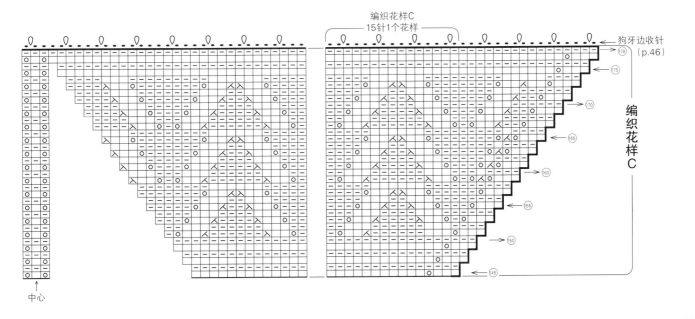

编织花样C
15针1个花样

狗牙边收针
(p.46)

编织花样C

中心

材料

Royal Baby Alpaca（粗，顶级幼羊驼绒线）原白色（11）130g；
Wool Yasan Silk（极细，野蚕丝和羊毛混纺线）灰色（09）25g，
粉红色（04）、原白色（10）各15g

工具

棒针5号，钩针5/0号

成品尺寸

宽128cm，长49cm

编织密度

条纹花样 A 38行10cm，编织花样 B 35.5行10cm

► 编织要点

用2根线合股编织。

卷针起针后编织7行起伏针。接着从周围挑针，按条纹
花样 A 和编织花样 B 编织。参照图示分散加针。编织
结束时，松松地做引拔收针。

□ =□ 下针

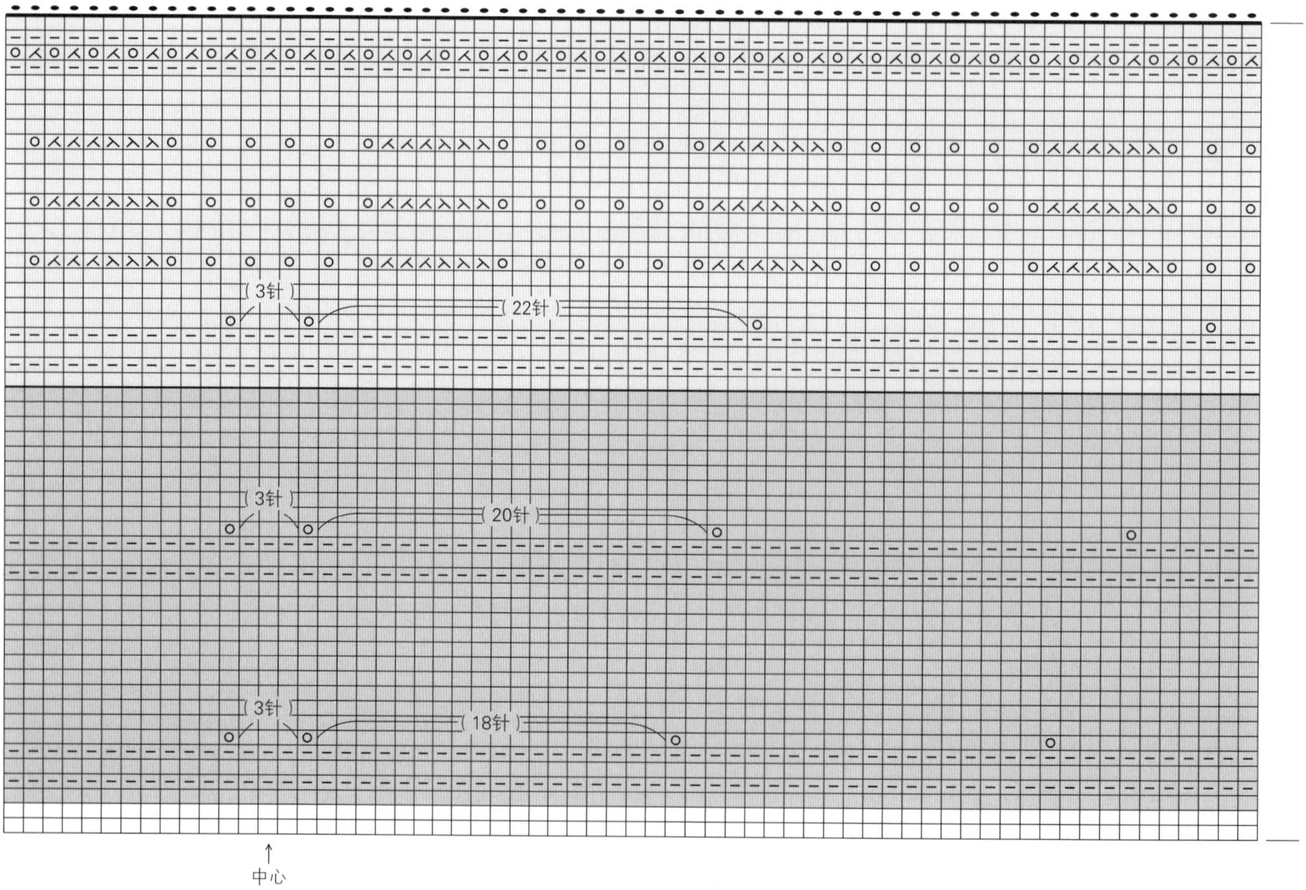

中心

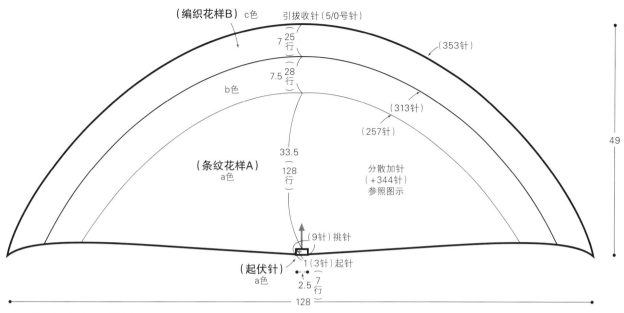

（编织花样B）c色　引拔收针（5/0号针）

7 〔25行〕

（353针）

7.5 〔28行〕

b色

（313针）

（257针）

49

（条纹花样A）
a色

33.5 〔128行〕

分散加针（+344针）参照图示

（9针）挑针

（起伏针）a色

1 （3针）起针

2.5 〔7行〕

128

※除指定以外均用5号针编织
※全部用2根线合股编织

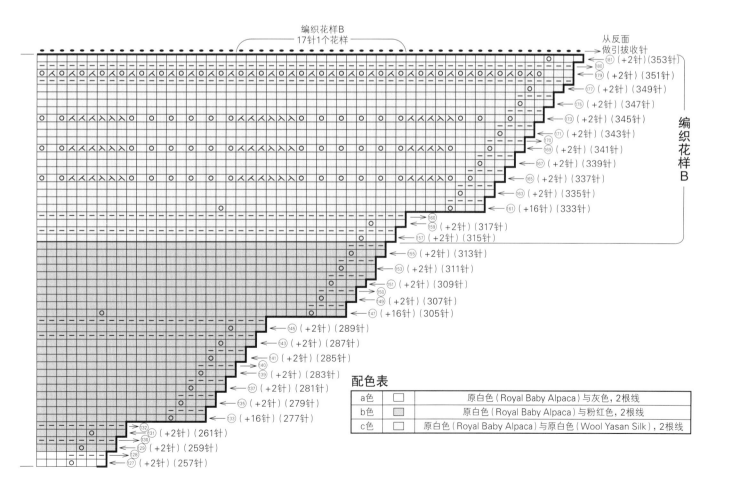

编织花样B
17针1个花样

从反面做引拔收针

⑱ （+2针）（353针）
⑱ （+2针）（351针）
⑲ （+2针）（349针）
⑮ （+2针）（347针）
⑬ （+2针）（345针）
⑪ （+2针）（343针）
⑲ （+2针）（341针）
⑰ （+2针）（339针）
⑮ （+2针）（337针）
⑬ （+2针）（335针）
⑪ （+16针）（333针）
⑯ （+2针）（317针）
⑰ （+2针）（315针）
⑮ （+2针）（313针）
⑬ （+2针）（311针）
⑪ （+2针）（309针）
⑲ （+2针）（307针）
⑰ （+16针）（305针）
⑮ （+2针）（289针）
⑬ （+2针）（287针）
⑪ （+2针）（285针）
⑲ （+2针）（283针）
⑰ （+2针）（281针）
⑮ （+2针）（279针）
⑬ （+16针）（277针）
⑫ （+2针）（261针）
⑪ （+2针）（259针）
⑨ （+2针）（257针）

编织花样B

配色表

a色		原白色（Royal Baby Alpaca）与灰色，2根线
b色		原白色（Royal Baby Alpaca）与粉红色，2根线
c色		原白色（Royal Baby Alpaca）与原白色（Wool Yasan Silk），2根线

◎卷针起针

1 在食指上绕线，如图所示插入棒针，然后退出手指。

2 重复步骤1完成3针卷针后的状态。

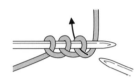

3 下一行如图所示在边上的针目里插入右棒针。

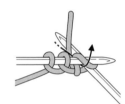

4 编织下针。

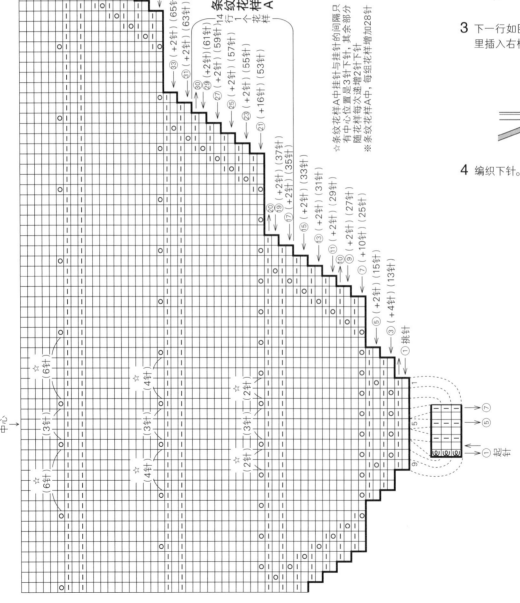

条纹花样A

☆条纹花样A中挂针与挂针的间隔只有中心位置是3针下针，其余部分随花样每次递增2针下针。
※条纹花样A中，每组花样增加28针

□=□ 下针
□ 由中心向左呈左右对称状编织

94

23 条纹和蕾丝花样的披肩 →p.43

材料

French Linen（极细，亚麻线）原白色（12）60g，藏青色（08）30g；Wool Yasan Silk（极细，野蚕丝和羊毛混纺线）原白色（10）40g，灰色（09）25g

工具

棒针6号、5号

成品尺寸

宽42cm，长158cm

编织密度

10cm×10cm 面积内：下针条纹、编织花样均为21针，32行

▶ **编织要点**

用2根线合股编织。

手指挂线起针后，按编织花样和下针条纹编织，结束时休针。再用相同的方法起针，按编织花样编织。将2个织片的编织终点做下针无缝缝合。

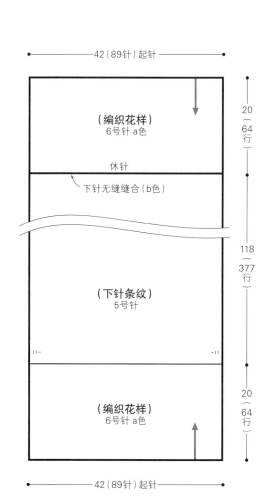

42（89针）起针

（编织花样）
6号针 a色

休针

下针无缝缝合（b色）

（下针条纹）
5号针

（编织花样）
6号针 a色

20（64行）

118（377行）

20（64行）

42（89针）起针

※全部用2根线合股编织

编织花样

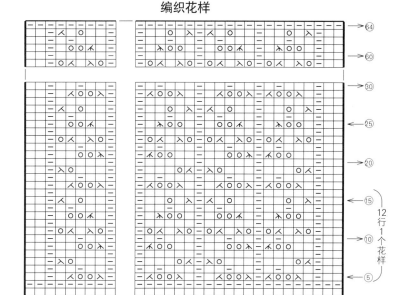

□ = | 下针

12针1个花样

12行1个花样

下针条纹

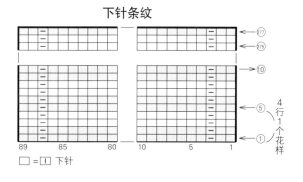

□ = | 下针

4行1个花样

配色表

a色	□	原白色（Wool Yasan Silk）与原白色（French Linen），2根线
b色	□	灰色与藏青色，2根线

KAZEKOBO NO TEIBAN SIMPLE DE KIGOKOCHI NO II KNIT（NV70593）

Copyright © Kazekobo/NIHON VOGUE-SHA 2020 All rights reserved.

Photographers: Yukari Shirai

Original Japanese edition published in Japan by NIHON VOGUE Corp.，

Simplified Chinese translation rights arranged with BEIJING BAOKU INTERNATIONAL

CULTURAL DEVELOPMENT Co., Ltd.

备案号：豫著许可备字-2020-A-0218

风工房 Kazekobo

棒针和钩针编织设计师。曾在日本武藏野美术大学学习舞台美术。从二十几岁开始，陆续在诸多手工艺杂志上发表作品。从纤细的蕾丝编织到传统的花样编织，她精通各种编织技法，并一直活跃在世界各地。已出版多本著作。

步骤详解中的图片引自《西村知子的英文图解编织教程+英日汉编织术语》（日本宝库社出版，中文简体版已由河南科学技术出版社出版）

图书在版编目（CIP）数据

风工房经典手编作品集 /（日）风工房著；蒋幼幼译. — 郑州：河南科学技术出版社，2023.7

ISBN 978-7-5725-1127-1

Ⅰ.①风… Ⅱ.①风…②蒋… Ⅲ.①手工编织—图集 Ⅳ.①TS935.5-64

中国国家版本馆CIP数据核字（2023）第058190号

出版发行：河南科学技术出版社

地址：郑州市郑东新区祥盛街27号　　邮编：450016

电话：（0371）65737028　　65788613

网址：www.hnstp.cn

责任编辑：刘　欣　刘　瑞

责任校对：刘淑文

封面设计：张　伟

责任印制：张艳芳

印　　刷：北京盛通印刷股份有限公司

经　　销：全国新华书店

开　　本：889 mm×1 194 mm　1/16　印张：6　字数：170千字

版　　次：2023年7月第1版　2023年7月第1次印刷

定　　价：49.00元